浙江省普通高校"十三五"新形态教材

U0183308

网络动画设计

——基于Animate的实例分析

陈丽君　编著

机械工业出版社

本书以二维矢量动画软件 Animate 为工具，面向零基础的读者，遵循细分析、渐深入的原则组织内容。以独立的小实例为媒介，由浅入深、循序渐进地引出每章节的重要知识、动画制作的方法技巧、动画设计的思维方式。每个实例都配有详细的操作演示，以及重难点解析和要点提示，帮助读者知其然，也知其所以然。

本书基于作者多年 Animate 教学经验的积累和提炼，配套资源丰富。与本书配套的慕课课程已经上线多轮，受到广泛好评。

本书适合作为应用型高等院校数字媒体类、计算机应用类等相关专业的教材，也可作为对动画、互动媒体设计、交互设计感兴趣的爱好者及各类自学人员的参考书。

图书在版编目（CIP）数据

网络动画设计：基于 Animate 的实例分析 / 陈丽君编著 . —北京：机械工业出版社，2021.8（2023.2 重印）

浙江省普通高校"十三五"新形态教材

ISBN 978-7-111-68979-9

Ⅰ . ①网… Ⅱ . ①陈… Ⅲ . ①超文本标记语言－程序设计－教材

Ⅳ . ① TP312.8

中国版本图书馆 CIP 数据核字（2021）第 169324 号

机械工业出版社（北京市百万庄大街22号 邮政编码 100037）

策划编辑：路乙达 责任编辑：路乙达 侯 颖

责任校对：李 伟 封面设计：马精明

责任印制：常天培

北京机工印刷厂有限公司印刷

2023年2月第1版第3次印刷

184mm×260mm·13印张·302千字

标准书号：ISBN 978-7-111-68979-9

定价：43.80元

电话服务 网络服务

客服电话：010-88361066 机 工 官 网：www.cmpbook.com

010-88379833 机 工 官 博：weibo.com/cmp1952

010-68326294 金 书 网：www.golden-book.com

封底无防伪标均为盗版 机工教育服务网：www.cmpedu.com

数字媒体的兴起、视觉文化的盛行，使得如何用图形和动画进行有效表达和呈现成为一项越来越重要的技能。Adobe Animate作为一款优秀的入门级二维矢量动画创作工具，在网络动画、互动媒体设计、游戏设计、动态UI设计、HTML5、教学软件等领域得到了广泛的应用。本书以Adobe Animate CC 2019中文版为工具，从零起点开始，由实例来引领读者的动画学习之旅。

本书以知识脉络为主线进行组织，去粗存精，以具体实例为媒介来承载一个个知识点，并围绕实例中的重难点知识进行解析，以便读者能通过一个个实例的实践与训练，逐步建立起属于自己的动画知识体系，再通过课堂中由此及彼的探讨与思考，逐渐提升动画设计制作能力、动画表达应用能力。同时，配合每章最后的练习与思考，增强读者的想象力，激发创新性思维。

全书共10章，可分为两大部分（如下图所示）：第一部分为基础动画，主要介绍动画基础知识和动画基本制作方法，包括如何创建图形、如何让图形动起来、如何让形状产生渐变、如何使用遮罩让动画变得更奇妙；第二部分为互动动画，主要介绍动画的交互方法以及媒体与组件的使用，包括如何设计交互动画、如何加入视频和声音、如何通过脚本动态控制对象的变化。

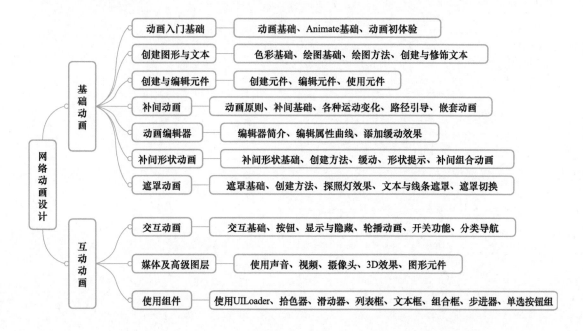

与本书配套的慕课课程已经在"浙江省高等学校在线开放课程共享平台（http://www.zjooc.cn）"开放，教师、读者可以通过搜索课程名称"网络动画设计"并进行注册，即可来学习或获得最新一期的课程资源（二维码如右图所示）。

平台网址

本书是在精品在线开放课程建设的基础上撰写完成，在此期间，得到单位领导、同事和家人的理解和支持，向他们表示衷心的感谢！

由于编者水平有限，书中难免会有欠妥之处，敬请广大读者批评指正！

编　者

目 录

CONTENTS

第 **1** 章

动画入门基础

学习目标

- 学会区分动画与动画片；
- 理解动画的工作原理；
- 了解动画的分类与应用；
- 熟悉动画创作流程；
- 了解 Animate 基础知识；
- 熟悉 Animate 的基本操作；
- 熟悉用 Animate 创建动画的流程；
- 学会常见文档类型的选用；
- 掌握时间轴的功能和基本用法；
- 熟悉舞台坐标体系。

1.1 动画概述

"提到动画，你最先想到的是什么？"这是在第一堂课时经常会涉及的课堂提问，图 1-1 就是由一次课堂问答弹幕生成的词云图。从图中可以看出，前三个高频词分别是动画片、动漫和动画，剩下的大多是动画片名称或一些动画片角色，也有表情、特效等相关名词或制作工具等。

链 1-1　动画概述

那么动画、动画片和动漫，它们是不是同一个意思？它们之间有什么样的关联？要回答这些问题，首先需要弄清楚它们各自的含义。

1. 动画的定义

有关动画的定义，至今众说纷纭、尚无定论。不同国家、不同机构、不同业内专家对动画做出了不同的阐释，其中比较有代表性的是：

1）美国动画大师普雷斯顿·布莱尔（Preston Blair）曾说：动画是绘画和拍摄一个形象的过程，该过程让一个人、一只动物或一个非生命体处在连续的姿势上，以创作如生命般的运动。他强调的是，动画是一个运动的过程。

2）1980 年，在南斯拉夫的萨格勒布会议上，世界动画协会组织（ASIFA）给出的动画的定义是：动画艺术是指除使用真实之人或事物造成动作的方法之外，使用各种技术所创造出来的活动影像，也就是以人工的方式创造出的动态影像。其强调的是，动画是一种动态影像。

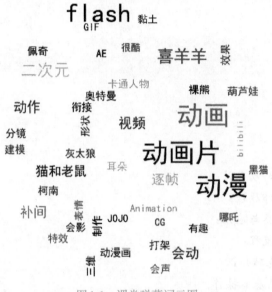

图1-1 课堂弹幕词云图

不管哪种类型的定义，都指向了一个共性，那就是——动，"动"是动画的灵魂，动画使用"动"的方式创作美感和艺术感染力，如图1-2所示。

图1-2 《海底生物》动画

动画片是以动画为主体的影片，它通过运动符号的变化表达思想、描述故事，是一种融合了影视、文学等其他艺术的复合艺术（如动画片《大闹天宫》和《哪吒闹海》等就是取材于古典文学作品）。动画片是动画最主要的艺术表现形式，具有叙事性、绘画工艺性、艺术性等特征。

动漫则是动画和漫画的合称，通常可以使用这样的式子来表达：动漫＝动画＋漫画。

2. 动画的工作原理

动画得以形成，是因为一种被称作"视觉暂留"现象的存在。"视觉暂留"于1824年，由英国伦敦大学教授皮特·马克·罗葛特（Pete Mark Roget）通过物理实验发现，并在他的研究报告《移动物体的视觉暂留现象》中最先被提出。

"视觉暂留"也称"余晖效应"，是指当人眼在观察运动着的物体时，每一瞬间的影像并不会立刻消失，而是会在视网膜上继续保留大约0.1～0.4s的时间。因此，如果物体的运动速度足够快，在视网膜上的影像消失之前，接替上下一个影像，观看者就能够从一系列影像的刺激、变化过程中获得动态的幻觉。

早期的手翻书，我国古代的走马灯，现代的电视、电影、动画，都是对"视觉暂留"现象的应用。

3. 动画的分类

对动画进行分类是研究动画的一种方法，它能帮助人们更好地认识动画，更快地了解不同动画形式各自的特点，以便找到适合自己的创作方法和途径。

随着科学技术的持续发展与进步，以及动画艺术家们的不断开拓与创新，动画作品的表现形式和制作工艺越来越丰富。早期人们通过纸、玻璃、木板、金属、沙子等实体可见的物质来制作动画，现在则是在计算机中通过创建非物质的虚拟形象来制作动画，这也使动画制作有了崭新的发展空间。因此，可以从制作工艺和技术的角度将动画分为：

1）平面动画：即在平面材质（如纸、胶片、赛璐珞片、玻璃、木板等）上进行造型和绘画，从而制作而成的动画作品，如水墨动画《牧笛》、剪纸动画《金色的海螺》、在玻璃上绘制的《老人与海》、利用赛璐珞片制作的《大闹天宫》等。

2）立体动画：即利用三维立体材料（如木偶、黏土、布料、折纸、金属丝等），通过逐格拍摄方式创作的动画作品，如木偶动画《阿凡提的故事》，黏土动画《小鸡快跑》等。

3）计算机动画：即通过计算机创作的动画作品，它利用数字技术生成一系列可供实时播放的动态连续图像，如三维动画《怪物公司》、二维动画《喜羊羊与灰太狼》等。

其实，现在的动画制作已不再是单纯地使用一种制作方式，而往往是多种制作方式和手段联合使用，如用三维软件为传统的平面动画制作背景，以增强画面的空间感等。在材料方面，陶器、石头、蔬菜水果、锅碗瓢盆，甚至是人影、钢针等都有可能成为艺术家们的创作材料，并根据需求混合使用。

如果从传播形式的角度来看，早期的传播渠道主要是影院和电视台，作品仍以动画片为主，如影院动画《埃及王子》、电视动画《葫芦兄弟》等。随着计算机技术的发展和网络的迅速普及，诞生了根据网络传播特性制作并以网络为主要传播渠道的网络动画，如《泡芙小姐》和《小破孩》等；作品形式也更加多样化，如利用VR（Virtual Reality）交互的动画、MG（Motion Graphic）动画（如图1-3所示）等。

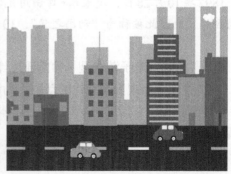

图1-3 MG动画

4. 动画的应用

动画具有艺术性、技术性，同时也具有实用性，特别是在科技日新月异的推动下，它已从早期主要集中的艺术领域，逐渐向医学、教育、军事、生产、科技等诸多领域扩展、兴盛，尤其是在讲究文化追求、精神追求的当下，动画更是深深地渗透到了人们精神生活的方方面面。

1）文化传播：无论在国内还是国外，动画是少年儿童甚至部分成年人的精神食粮。动画是传播文化的优质载体，它能将现实世界进行抽象，并用简化、幽默、夸张、拟人等手法加以表现，更容易引起观众的共鸣，从而使其具有文化传播，甚至是跨文化传播的能力。例如，传播非常广泛的经典动画片《猫和老鼠》，虽然以闹剧为特色，也几乎没有对白，但其中蕴含的哲理，却耐人寻味。

2）知识普及：动画能把看不见、摸不着、讲不清的抽象概念和科学理论，加以形象化、具象化地表达和呈现，既直观又生动，使人们更容易接受、更容易理解，加深对事物及知识本质的认识。例如，科普中国、秒懂百科等很多内容都采用了动画的形式来阐述。另外，动画还可用于模拟物理变化、化学反应、自然现象、军事演练等。

3）影视特效：现在的动画同时也是一种技术手段的名称，它可以纯粹作为技术而独立存在，如电影、电视剧中的特效就是动画作为纯技术的应用。影视特效能模拟爆炸、撞击等危险场景，或创造出现实中不存在的虚幻场景，还可以产生下雨、烟雾、超现实角色等，带给人们丰富多样的视觉感受。

4）广告宣传：动画在诞生之初就自带有广告的特性。1892年10月28日，被誉为"动画之父"的埃米尔·雷诺（Emile Reynaud）在法国巴黎葛莱凡蜡像馆公开放映的一组自创动画片里，就有一部广告动画片《一种好啤酒》。动画广告常常是艺术家们探索新风格、新技术的良好时机，因此，它往往具有很高的艺术质量，也常会给人带来耳目一新的感觉，这能大大提升广告的宣传效果。

知识拓展

埃米尔·雷诺发明的光学影戏机，是动画放映系统最早的雏形，为动画的发展奠定了技术基础。

1892年10月28日，埃米尔·雷诺用光学影戏机亲自放映了自己创作的世界上第一批动画片，他因此被称为"动画之父"，10月28日也被定为"国际动画日"。

5）电子游戏：电子游戏是一种能通过计算机、手机等媒体终端设备进行互动的娱乐方式，它在视觉上表现为交互性的动画，动画技术是电子游戏制作的重要手段。近年来，VR游戏逐渐盛行，它借助于VR技术，让体验者沉浸在由动画、传感等多种技术所创造的虚拟环境之中，产生身临其境的真实感。

5. 动画的创作流程

动画创作是一项科学、系统的工作，虽然现代的计算机二维动画不用像传统动画那样，需要经过很多复杂的程序，但大致的流程基本接近，都可以分为前期策划、中期设计和后期制作三个阶段。

1）前期策划：主要是要明确动画创作的目的、主题、风格、方案、剧本、发布渠道等，以便为后续的创作提供方向和指导。

2）中期设计：根据前期创作策划来设计，包括脚本设计、美术设计、动作设计等，并为后续的具体制作提供详尽的参考。

3）后期制作：参照脚本蓝图，借助具体制作工具，将构思通过声画的有机结合具体地呈现出来，以达到一定的视听艺术效果。

1.2 初识 Animate

"工欲善其事，必先利其器。"在完成前期策划和中期设计以后，就可以借助动画制作软件工具来具体实现创作者的设计意图。本书使用的软件工具为 Animate。下面就来认识一下 Animate，包括它的基本介绍、启动方法、基本界面、常用功能面板以及面板布局调整。

链1-2　初识 Animate

1. 基本介绍

Animate 是世界著名的数字创意软件研发公司 Adobe 旗下的产品，专注于二维矢量动画创作，可以与 Adobe 公司的其他软件工具如 After Effects、Illustrator、Premiere 等无缝对接，为影视、动画创作提供更多的可能。

Animate 的前身为曾风靡全球的动画制作软件 Flash，于 2016 年正式更名为 Adobe Animate，缩写为 An，其图标如图 1-4 所示。用 Animate 创作的矢量动画，除了具有"流媒体"的特性，还具有占用空间小、视觉效果好、能添加交互功能等特性，在网络动画、互动媒体设计、游戏设计、动态 UI 设计、HTML5、教学软件等领域得到了广泛的应用。

图1-4　Animate 软件的图标

2. 启动方法

随着技术的进步与发展，Animate 软件的版本不断更新，不同版本的界面可能会有所不同。这里以 Adobe AnimateCC2019 中文版本为例来介绍 Animate。

和其他软件一样，Animate 的启动也可以通过单击"开始"菜单，从程序列表中找到橙色的"An"图标，然后单击它来启动 Animate。其启动界面如图 1-5 所示。

> **知识拓展**
>
> 为了下次启动更方便，也可以在桌面创建其快捷启动方式，方法是：右击程序列表的"An"图标所在项，从弹出的快捷菜单中依次选择"发送到"→"桌面快捷方式"命令，就可以将其快捷启动图标添加到桌面，下次只要双击该快捷启动图标即可。

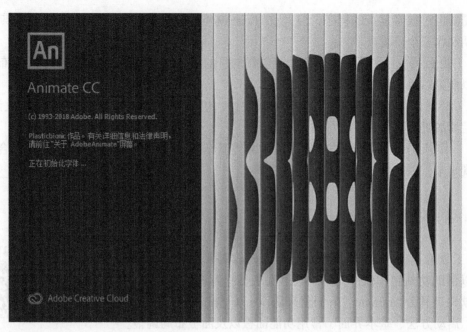

图1-5 Animate 的启动界面

启动Animate之后，最先出现的是"主屏"界面，如图1-6所示。在中间"平台"区域提供有多种不同的文档类型，可以根据需求来选择；在其右侧的"详细信息"区域，可以设置文档大小等基本信息，然后单击"创建"按钮即可进入到基本界面。

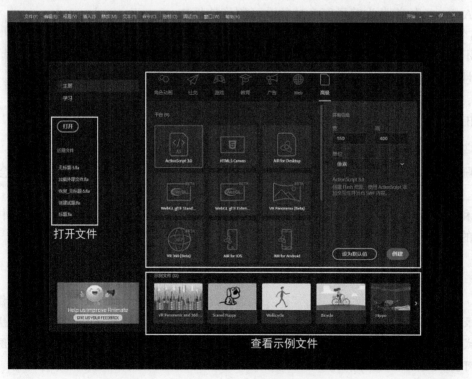

图1-6 "主屏"界面

如果想要看一些示例，在界面下方的"示例文件"区域，选择一个示例文件并双击即可查看。如果想要打开文档，则可以在界面左侧的"打开"区域，单击"打开"按钮或选择下方最近打开过的文档。

如果想要通过一些视频资源来更好地了解和学习 Animate，则可以单击左上方的"学习"标签，进入到"学习"界面，如图1-7所示。

图1-7 "学习"界面

3. 基本界面

在 Animate 的基本界面中（如图1-8所示），默认状态下大致可以分为8个部分：①最上方是"菜单栏"，它为用户的操作提供功能选择；②第二行就是"标签栏"，显示着当前打开的每个文档，单击标签名，可以在各文档间切换；③中间部分是工作区，其中的白色区域是"舞台"，动画中的各种可见元素都可以在这里"表演"，舞台的右上方是"编辑栏"，包含有场景切换、元件切换、居中、隐藏舞台外侧内容和显示缩放5个按钮；④下面部分是"时间轴"面板，它是动画制作的核心区域；⑤右侧是"属性"面板，图1-8显示的是文档的属性信息；⑥最右侧是"工具"面板，分布有各种动画制作的工具；⑦在工作区和"属性"面板之间还列有一些默认时以图标方式显示的面板，当单击它时才会展开；⑧界面右上方的按钮可以用来切换工作区，或对工作区进行新建、删除等操作。

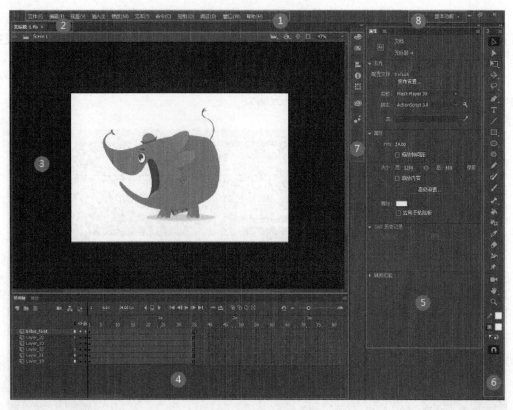

图1-8　Animate的基本界面

知识拓展

如果需要将一些展开的面板折叠，可以单击面板上方的 ▶▶ 按钮，这时按钮会变为 ◀◀ 形状，单击它就可以重新展开面板。

如果要调整面板的大小，可以先将指针移向面板的边缘，当指针变为双向箭头时，再通过按住鼠标左键拖动来进行调整。

4.常用功能面板

Animate中提供有很多面板，动画制作的大部分操作也是在各种面板中完成的。下面就先来熟悉一些常用的面板。

1）"时间轴"面板：利用它能对舞台中的元素进行时间、空间上的管理，如动画的播放等。它的具体介绍会在第1.4节展开。

2）"属性"面板：利用它能查看或设置当前文档或选中元素的属性信息。它的内容会随着选中元素的不同而有所变化。图1-9a所示的是当选中舞台中的一个图形之后所呈现的内容。

3）"库"面板：它能存放当前文档所用的各种元素，包括从外部导入的素材，如图片、音乐、视频、元件等（如图1-9b所示），并可以对这些元素进行管理，如排序、分组等；如果库中的元素比较多，还可以在中间带有放大镜图标的搜索框里输入名称来搜索。

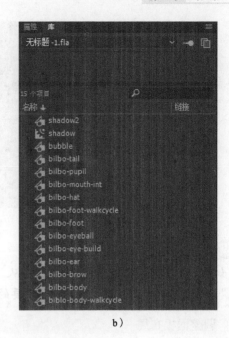

a) b)

图1-9 "属性"面板和"库"面板

4)"工具"面板：它包含有多种工具及其选项，如矩形工具、椭圆工具等（见图1-10a），可以用这些工具来绘制图形，如图1-10b所示。再仔细观察一下"工具"面板，可以发现有些工具的右下角有个小三角，这表示它是个工具组，单击它可以查看组里的其他工具。"工具"面板的具体使用将在第2章介绍。

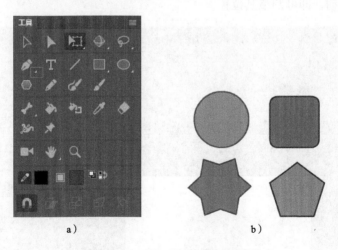

a) b)

图1-10 "工具"面板及绘制的图形

5)"历史记录"面板：它会依次记录所做的操作，如图1-11所示。默认时，该面板并没有显示出来，可以通过单击"窗口"菜单中的"历史记录"命令来打开该面板。在面板左侧有一个滑块，如果往上滑动滑块就可以一步步撤销所做的动作，如果往下滑动滑块就可以一步步恢复刚才的动作；也可以通过直接在想要撤销动作的上一步前方单击来撤销动作。

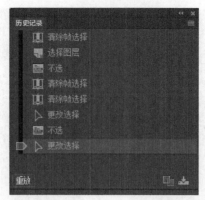

图1-11 "历史记录"面板

知识拓展

如果不小心关闭了某个面板，可以从"窗口"菜单中重新将其打开，即单击"菜单栏"中的"窗口"菜单，然后找到想要的面板名称单击它即可。

5. 调整面板布局

利用工作区可以来快速调整各种面板的布局，以适应各种不同的操作习惯或需求。在基本界面"菜单栏"的右侧显示有"基本功能"四个字（如图1-8中⑧的位置），这表示当前所处的是"基本功能"工作区，单击其右侧的下拉三角按钮，可以切换到其他工作区。例如，选择"传统"选项，各种面板会自动变换到不同的位置，如图1-12所示。如果对现有工作区的布局不太满意，还可以单独调整各面板的位置，方法是：在面板名称或图标上按住鼠标左键拖动，即可调整其位置。

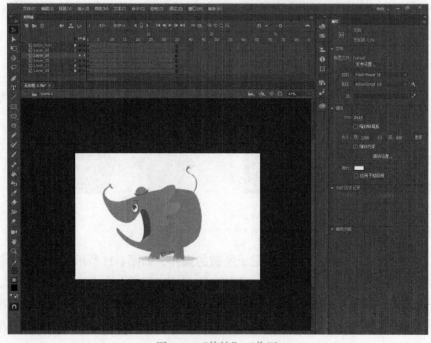

图1-12 "传统"工作区

1.3　熟悉制作流程

1．文档类型

在具体制作时，往往需要先考虑选择什么文档类型。在 Animate 中，提供有多种类型的文档，包括：

链1-3　熟悉制作流程

1）HTML5 Canvas：它支持Java脚本的交互，导出的动画适合在浏览器中播放，用户只需有浏览器就可以观看动画。

2）ActionScript：支持ActionScript 3.0的交互，能用Flash播放器播放，目前主流的播放器也能够播放。

3）WebGL：可充分利用图形硬件来加速。这对用户的图形硬件有一定要求，但它不支持文本。

4）AIR：能输出应用程序，支持ActionScript 3.0的交互，还可以选择在移动设备中进行播放。

5）VR：可创建虚拟现实的场景并进行交互，也支持浏览器播放。

每一种文档都有自己的特征和适用场合，可以根据用户期望的运行环境以及动画的应用需求来选择合适的文档类型。

在创建新的文档时，如果类型选择的是"角色动画"等前6种（如图1-13a左上方框所示），则文档类型需要从右下方的"平台类型"下拉列表中选择（如图1-13a右下方框所示）；如果类型选择的是"高级"（如图1-13b右上方圆圈所示），则文档类型直接显示在界面中间的"平台"区域中（如图1-13b中下方框所示），可以直接选择。

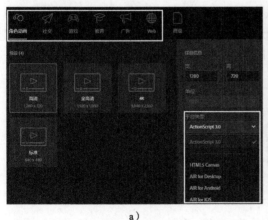

a）

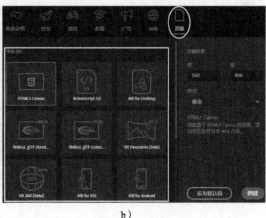

b）

图1-13　文档类型选择

2．文档类型转换

如果在具体使用时，发现原先的文档类型不合适，还可以进行转换。方法是：单击"文件"菜单中的"转换为"命令，再在子菜单中选择需要的文档类型。不同的文档类型能选择转换的文档类型也不同，如HTML5 Canvas可以转为VR、ActionScript、AIR、WebGL等类型（如图1-14a所示），而ActionScript则只能转为HTML5、VR、WebGL等类型（如图1-14b所示）。

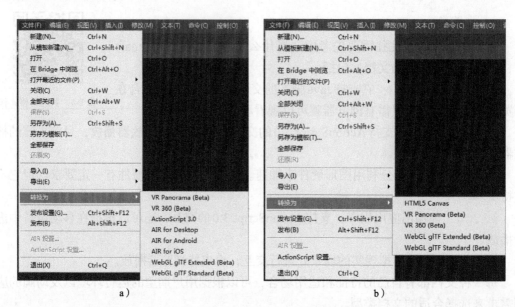

图1-14　文档类型间的转换

需要注意的是，在文档转换的过程中有些功能可能会丢失。例如，将ActionScript文档转为HTML文档时，HTML文档会注释掉ActionScript代码。

3. 制作流程演示

使用Animate能够制作不同题材、不同风格、内容也可以千差万别的动画，但这些动画的制作基本流程却大致接近，通常都会经历创建文档并保存、设置舞台属性、导入素材、处理素材和测试发布5个环节，如图1-15所示。

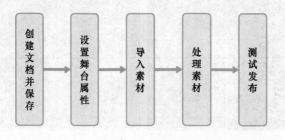

图1-15　用Animate制作动画的基本流程

下面结合一个让两幅图片每隔半秒钟交替显示的例子来熟悉用Animate制作动画的基本流程。

1）创建文档并保存：启动Animate，进入"主屏"界面（见图1-6），双击"高级"类别中的"HTML5 Canvas"文档；然后单击"文件"菜单中的"保存"命令，将文档保存位置设为"D:\example"，文档名设为"制作流程"，再单击"保存"按钮；这时，会在

"example"文件夹中生成"制作流程.fla"文件,如图1-16a所示。

2)设置舞台属性:在"属性"面板的"属性"区可以看到,默认的帧频(FPS)为24帧/s,舞台大小为550×400像素,舞台背景色为白色,这些参数都可以根据实际需要进行设置或更改。这里根据素材大小和画幅需求,将舞台设为300×300像素,要注意中间的"锁定宽高比"按钮要处于取消状态,如图1-16b所示。

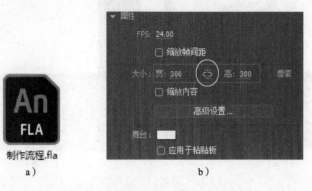

图1-16 产生的文件和舞台属性设置

3)导入素材:即将外部素材存放到库当中,单击"文件"菜单中"导入"下的"导入到库"命令,选取所需的图片(如图1-17a所示)后单击"打开"按钮,这样选中的图片就被导入到了库中,如图1-17b所示。

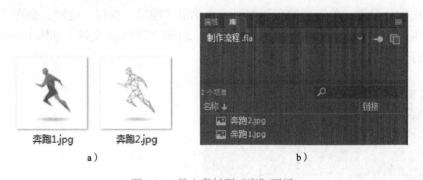

图1-17 导入素材到"库"面板

4)处理素材:该步骤是整个制作流程中的核心环节,通常也是最复杂、最多变、最灵活的环节。在本例中,让两幅图片先后出现,用时各半秒,处理过程相对比较简单。首先,将图片"奔跑1"拖至舞台,并调整位置使其与舞台的边缘对齐;在时间轴的第12帧处,也就是半秒钟的地方右击,在弹出的快捷菜单中单击"插入帧"命令,其作用是插入一个普通帧,让图片能够在舞台持续半秒的时间,如图1-18a所示;在第13帧右击,在弹出的快捷菜单中单击"插入空白关键帧"命令,从"库"面板拖动图片"奔跑2"到舞台,并在"属性"面板中设置其X和Y属性都为0,其结果也相当于把它和舞台左上角对齐(因为舞台的坐标原点是在左上角);在第24帧右击,在弹出的快捷菜单中单击"插入帧"命令,作用同样是让图片在舞台能持续半秒。这样,整个动画就制作好了,如图1-18b所示。单击"时间轴"面板中右上的播放按钮▶就可以预览效果了。

a）   b）

图1-18　时间轴中的两幅图片

5）测试发布：发布的目的是为了让动画能脱离开发环境而独立运行。先按组合键
<Ctrl+S>保存文档，再单击"文件"菜单中的"发布设置"命令，打开"发布设置"面
板，如图1-19a所示，其中的设置选项会因文档类型的不同而不同。单击"输出名称"文
本框后的文件夹按钮，位置可以仍然选为"D:\example"，文件名仍设为"制作流程"，其
余的项采用默认设置。单击"发布"按钮，再单击"确定"按钮。这时，会在"example"
文件夹中生成3个对象，分别为images文件夹、.html文件和.js文件，如图1-19b所示。在
浏览器中打开.html文件，便可查看动画了。

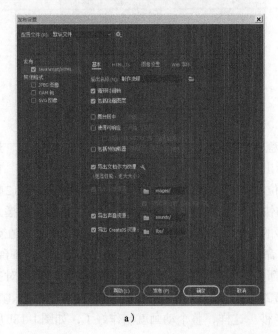

images   制作流程.html   制作流程.js

a）   b）

图1-19　发布设置及生成的文件与文件夹

　　"文件"菜单中的"导入到舞台"命令，不仅会将外部的素材导入到舞台，同时也会将其导入到"库"面板中。

　　在文档的"属性"面板中，有个"发布设置"按钮，单击它也可以进行发布操作。

1.4 了解时间轴

　　时间轴是动画制作的核心，可以说动画之"动"就是在时间轴中实现的。在 Animate 中，"时间轴"面板大致可以分为两个部分，即左侧的图层区域和右侧的帧区域，如图1-20所示。

链1-4　了解时间轴

　　图层区域　　　　　　　　　　　　　　　　　　　帧区域

图1-20　"时间轴"面板

1. 图层区域

　　图层区域利用图层来组织和堆叠画面内容，它主要从空间上对舞台元素进行管理。图层如同一张透明的纸，在其上可以添加内容，图层的层叠会形成遮挡关系。默认时，层与层之间相互独立，方便单独处理。

　　在制作动画时，图层是经常使用的元素，要熟练掌握图层的基本操作。

　　1）调整图层顺序：在图层上按住鼠标左键向上或向下拖动，即可调整其上下次序。这时，舞台中画面内容的层次关系也发生变化。例如在图1-21中，当将位于第二层的高层建筑（如图1-21a所示），调至顶层时（如图1-21b所示），高层建筑本身完全可见，并且会挡住现在位于其下面图层的建筑。

　　2）新建图层：单击左上方的"新建图层"按钮，可以创建新的图层。

　　3）删除图层：选中一个图层，然后单击"删除"按钮，可以删除该图层；或者直接将该图层拖向"垃圾桶"图标。

　　4）重命名图层：在图层名称上双击，可以重新命名图层。

　　5）查看属性：在图层上右击，在弹出的快捷菜单中单击"属性"命令，在"图层属性"面板中就可以查看或修改该图层的属性，如名称、可见性、类型、轮廓颜色、图层高度等，如图1-22所示。

a）　　　　　　　　　　　　b）

图1-21　调整图层顺序

6）显示对象轮廓：单击"将所有图层显示为轮廓"按钮，可以只显示对象的轮廓线，如图1-23所示。再次单击该按钮可以恢复正常。如果是针对某个图层，只需要单击该图层的彩色方块，使其成为一个彩色方框即可。

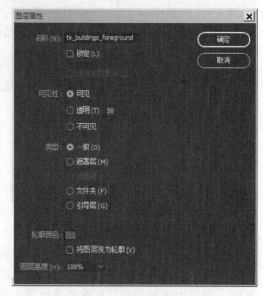

7）显示/隐藏图层：单击"显示/隐藏所有图层"的按钮，可以显示或隐藏所有图层，让它们的画面在舞台中变得可见或不可见。如果是针对个别图层，则只需单击"眼睛"列相应图层的按钮即可。

8）锁定/解锁图层：单击"锁定/解除锁定所有图层"按钮，可以锁定所有图层，以防止在舞台中对该图层元素的误操作，但帧区域的操作仍可照常进行。再次单击该按钮可以

图1-22　"图层属性"面板

解锁所有图层。如果是针对个别图层，则只需单击"挂锁"列相应图层的按钮。

9）选中多个图层：按住<Shift>键或<Ctrl>键的同时，单击选取图层，就可以选中多个连续或不连续的图层。

10）管理图层：单击"文件夹"按钮，可以创建文件夹，实现对图层的分类组织和管理。

在Animate中，图层有多种类型，这里介绍常见的7种。

1）标准图层：默认创建的图层就是标准图层，它也是最常用的图层。

2）补间图层：包含有补间动画的图层，它在创建补间动画后会自动生成。

3）引导层：用于引导其他图层对象的排列或运动。

4）被引导层：它与引导层关联，并由引导层来引导自身对象排列或沿路径运动。

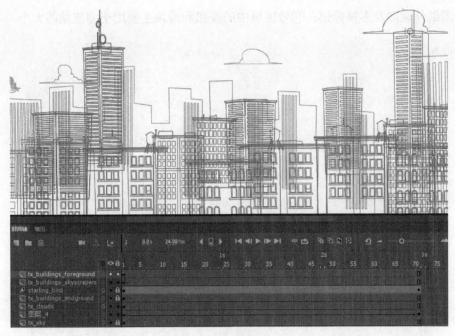

图1-23 显示对象轮廓

5）遮罩层：含有用于遮罩的对象，以能有选择性地显示被遮罩层中的内容。

6）被遮罩层：位于遮罩层的下方并与之关联，为遮罩结果提供显示内容。

7）骨架图层：包含有附加了反向运动骨骼的对象，它在为对象添加骨骼时自动生成。

知识拓展

　　如果在舞台中选中一个对象，该对象所在的图层会自动被选中；如果选中一个图层，那么该图层中的所有对象都会被选中。

　　锁定图层主要是针对舞台中的元素，图层本身和帧区域仍可以照常操作。

2. 帧区域

　　帧区域可以按时间顺序编排舞台内容。当单击播放按钮时，每一帧中的内容会按序在舞台中依次显示，就可以看到动态变化的画面了。帧区域主要从时间上对舞台元素进行管理。

　　下面就来熟悉一下帧区域各个部分的含义和功能。（为便于说明和对照，图1-24已经对帧区域中的各个部分做了划分，并为每个部分分配了一个数字序号）

　　①是最大的一块区域，是左侧图层区域中各图层所对应的帧序列。当从左往右顺序播放这些帧序列时，舞台画面会以一定速度变化，从而形成了动画。②帧序列上方的一排数字是帧编号，其实帧编号也代表了时间。例如，若帧频为24帧/s，那么第24帧就代表着1s（即图中标有1s的位置）。③红色的带线方块是"播放头"，它所处的位置就是当前帧的位置，舞台中显示的内容就是这一时刻的画面内容。

　　最上方的一排主要是一些功能控制按钮或信息指示：④主要用来指示播放头当前所处的帧编号与时间，还有帧频；⑤用来在当前位置插入关键帧，或在关键帧之间跳转；⑥主要用于定位播放头或进行播放；⑦用来将播放头定位于中间或进行循环播放；⑧主要用于设置绘图纸外观以及多帧标记；⑨号区域中的按钮和滑块主要用于缩放帧的大小。

图1-24　帧区域

　　帧是动画的核心，也是构成动画的基本单位。在时间轴中，一帧就对应着一个小方格。在Animate中，常见的帧有四种，它们是关键帧、普通帧、空白关键帧和属性关键帧。

　　1）关键帧：用来标识画面发生关键性变化时所处的那一帧，在时间轴上表现为一个"实心圆点"，添加的快捷键为<F6>。

　　2）普通帧：常位于关键帧的后面，用来延长播放时间，它在时间轴上表现为灰色方格，添加的快捷键为<F5>。

　　3）空白关键帧：用来表示没有任何对象存在的关键帧，在时间轴中表现为一个空心圆点，添加的快捷键为<F7>。一旦在空白关键帧中添加了内容，它就自动转变为关键帧。同样，如果将关键帧中的对象全部删除，那么这个关键帧就会自动转变为空白关键帧。

　　4）属性关键帧：用于表示对象属性值的显式变化，在时间轴中表现为一个黑色菱形。下面来介绍一些帧区域的基本操作。

　　1）观看动画：单击"播放"按钮▶，或直接拖动播放头。如果希望循环播放，单击"循环"按钮↻，使其属于按下状态，并调整好希望循环的范围。

　　2）移动播放头：直接在播放头红框内按住鼠标左键拖动；或利用"定位播放头"中的跳转按钮◀◀和▶▶，让播放头跳转到开头或结束位置，或是一帧一帧地跳转。

　　3）帧的选择：在帧上单击可以选中该帧。按住鼠标左键拖动或框选，可以选中连续的多帧；或选好第一帧后按住<Shift>键，再单击最后一帧也能选中连续的多帧；按住

<Ctrl>键再单击，可以选中不连续的多帧。

4）移动或复制帧：先选中要移动的帧，再按住鼠标左键拖动就可以移动选中的帧；在移动的同时，若按住<Alt>键，即可复制帧。

5）删除帧：在帧上右击，在弹出的快捷菜单中单击"删除帧"命令，就可以直接删除掉指定的帧，这时帧的数量会减少。

6）清除帧：在帧上右击，在弹出的快捷菜单中单击"清除帧"命令，即可将指定帧的内容清除，随即该帧就会变为空白关键帧，此时帧的数量保持不变。

实践与思考

如果选中时间轴中的一个普通帧，然后再按<Delete>键，结果会发生什么？

如果保持帧的总数不变，而将帧频调整到原来的2倍，那么动画的播放时间长度会如何变化？

1.5 动画初体验

1. 坐标系

在制作动画之前，为了能正确表达各个元素在舞台中的位置，就需要先弄清楚Animate的舞台坐标系。在Animate的舞台中，坐标系的坐标原点是在舞台的左上角（如图1-25所示），向右为x的正方向，向下为y的正方向。同样，图片的坐标位置也是以其左上角为参照点。因此，如果要将图片放置到离舞台上边缘为10像素，离左边缘也为10像素，则应将图片的坐标设置为（10,10）。

链1-5 动画初体验

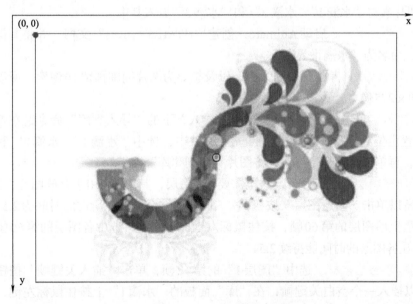

图1-25 Animate的坐标系

2. 效果展示

下面通过一个实例"水滴世界"来体验一下动画的制作过程。首先来看一下最终的动画效果，图1-26所示是对该实例运行时的截图，一开始画面是空白的，随后会在左侧出现第一幅图片，接下来每隔0.5s，会从左往右依次出现一幅新的图片，最后则会在三幅图片的外围出现一个锯齿状的边框。

图1-26　实例"水滴世界"的截图

3. 实例解析

下面来了解一下实例"水滴世界"的具体制作过程。为便于项目的管理，建议先创建一个项目文件夹，如"example"，然后再在其中创建一个素材文件夹，如"sucai"，并将用到的3幅图片素材"水滴1""水滴2"和"水滴3"放入其中。

1）创建文档并保存：启动Animate，创建"HTML5 canvas"文档，并将其保存到项目文件夹中，命名为"水滴世界"。

2）设置舞台属性：考虑到图片大小，以及想要为图片周围预留10像素，所以设置舞台大小为620×275像素，背景为默认的白色。

3）导入素材：单击"文件"菜单中的"导入"下的"导入到库"命令，在弹出的对话框中将位置定位到项目文件夹的"sucai"文件中，选中"水滴1""水滴2"和"水滴3"3幅图片，再单击"打开"按钮，将图片导入到"库"面板。

4）创建所需图层：根据分析，这里需要4个图层，其中3个用于存放图片，1个用于存放边框，所以单击"新建图层"按钮3次。同样，结合分析，所需的时间为2.5s，即60帧，因此在最上层图层的第60帧，按住鼠标左键向下拖动，选中各图层的第60帧，再按<F5>键，以让各图层的时间能持续2.5s。

5）在时间轴布局素材：选中"图层1"的第12帧，单击"插入关键帧"按钮（或按<F7>键），以插入一个空白关键帧，在"库"面板的"水滴1"上按住鼠标左键，将其拖至舞台，在"属性"面板设置其X和Y属性都为10；在"图层2"的第24帧插入关键帧，从"库"面板拖动"水滴2"到舞台，设置其X值为215，Y值也为10；在"图层3"的第36帧插入关键帧，拖入"水滴3"，设置其X值为420，Y值也为10。这样，就实现了图片从左到右依次出现的效果，如图1-27所示。单击"播放"按钮预览。

图1-27 时间轴布局

6）添加边框：将"图层4"重命名为"边框"，在该图层的第48帧处插入关键帧，在"工具"面板选择"矩形工具"，在"属性"面板，将"填充颜色"设为无，笔触为白色，笔触大小为10，单击"样式"最右侧的"画笔库"按钮，在打开的"画笔库"面板（如图1-28a所示）中依次单击"Pattern Brushes"下的"Decorative"项，然后双击"Accordian Fold"图案，将其添加到样式列表（如图1-28b所示），再在舞台边缘拖动绘制矩形；改用"选择工具"，在舞台单击刚画的矩形，在"属性"面板设置其属性，X为10，Y为10，宽为600，高为255，注意设置宽高比锁定按钮处于取消状态；再次单击"播放"按钮预览。

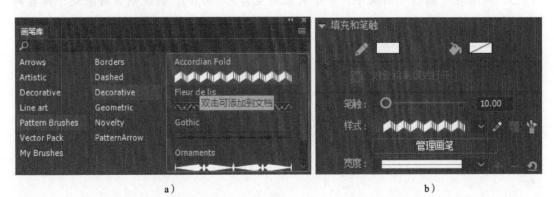

a）　　　　　　　　　　　　　　　　　　b）

图1-28 利用画笔库绘制边框

7）测试动画：如果要测试动画，可以按住<Ctrl>键再按<Enter>键，这时会在默认的浏览器中播放；同时，与发布测试一样，也会生成.html、.js等文件；最后按组合键<Ctrl+S>保存文件。

知识拓展

在Animate中，也可以将制作完成的结果导出为图像、影片或视频。方法是：单击"文件"菜单中的"导出"命令，然后根据需求再单击相应的子菜单命令。

本 章 小 结

本章主要介绍了动画的基本含义、工作原理、分类、应用及其创作流程，以及动画软件工具Animate的界面组成、使用方法、文档类型、"时间轴"面板的构成与具体使用，还有动画的一般制作流程等。如何设计、制作动画是本课程的一个核心，本章主要介绍动画基础知识和Animate基础知识，为后续章节的学习打下基础。

练习与思考

单选题

1. 动画的工作原理是（　　　）。

A. 神经停留　　　　B. 余晖效应　　　　C. 视幻觉　　　　D. 视觉错位

2. Animate中用来布置所有可见元素的场所是（　　　）。

A. 面板　　　　B. 工具箱　　　　C. 舞台　　　　D. 菜单

3. 如果一个图层带有"锁"的符号，则表示该图层（　　　）。

A. 不可见　　　　B. 不可编辑　　　　C. 内容透明化　　　D. 处在最底层

4. 由Animate创建文件的扩展名是（　　　）。

A. .an　　　　B. .pdf　　　　C. .fla　　　　D. .xls

5. 如果在"属性"面板中，一个对象的坐标为（0,0），则说明该对象处于舞台的（　　　）。

A. 左上角　　　　B. 右上角　　　　C. 左下角　　　　D. 右下角

思考题

1. 在你看过的动画中，印象最深的是哪个？为什么？

2. 请查阅相关资料，看看还有哪些可用于制作动画的工具？它们各有什么特点？

创建图形与文本

- 熟悉图的分类及特点；
- 掌握颜色模型及其设置方法；
- 理解笔触与填充的含义；
- 熟悉绘图模式与绘图方法；
- 学会绘图工具的使用；
- 掌握钢笔工具的使用技巧；
- 学会绘制复杂图形的方法；
- 学会渐变填充的使用；
- 熟悉文本的分类及创建方法；
- 学会重构和修饰文本的技巧。

2.1 图形与色彩

1. 图的分类

在二维动画中，图形是动画的基础。如果想要展现一个对象的"动"，首先需要将这个对象及其相关联的内容用图形描绘出来，然后再创建该对象的动作方式。例如，要展现踩跷跷板的动画（如图2-1所示），首先需要绘制出人物和跷跷板，然后再实现其动作。

链2-1　图形与色彩

图2-1　跷跷板动画截图

根据显示原理的不同，图可以分为两类：位图和矢量图。

1）位图：也称点阵图或栅格图像，是由称作"像素"的点阵列来实现显示效果的，如平常拍摄的照片通常都是位图。一个像素的可选颜色数量由像素深度决定，如假设一幅彩色图像的每个像素用R、G、B三个分量表示，每个分量为8位，那么一个像素共用24位表示，也即像素深度为24，每个像素就可以有16,777,216（2^{24}）种颜色可选，从而能构成色彩丰富的图像（如图2-2a所示）。如果将位图图像放大，一个个像素就会被放大成一个个能看见的小方格，从而会使图像产生锯齿效果而变得粗糙（如图2-2b所示）。位图图像的大小和质量与像素点的多少有关，如果单位面积内的像素点越多，颜色间的混合就越平滑，图像质量就越好，同时文件也越大。

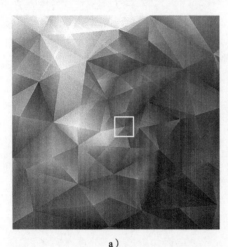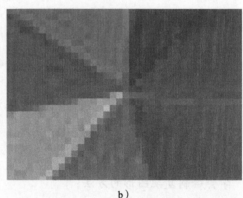

a) b)

图2-2　位图及其局部放大

2）矢量图：也称向量图或绘图图像，是根据几何特性描绘、由数学公式计算生成的，如图2-3a所示。计算机在存储矢量图时，只记录图的算法和图中某些特征点，显示时会根据存储的信息重新绘制，因此，无论放大或缩小，都能保持画面清晰，如图2-3b所示。矢量图的文件大小由图形的复杂程度决定，而与图形的尺寸无关，适合用于图形设计、标志设计、文字设计等。其缺点是难以表现色彩层次丰富的逼真图像效果。

a) b)

图2-3　矢量图及其局部放大

位图与矢量图的分析对比见表2-1。

表2-1 位图与矢量图对比

图像类型	组成	优点	缺点	常用工具
位图	像素	可以制作出色彩丰富的图像，逼真地表现自然界的景象	缩放和旋转容易失真，文件容量较大	Photoshop、画图等
矢量图	数学向量	文件较小，进行缩放或旋转等操作时图像不会失真，轮廓形状易控制	难以表现色彩层次丰富的逼真图像效果	Illustrator、Animate等

2. 颜色属性

色彩是图形的重要组成部分，可以借助色彩来加强画面的视觉效果，如图2-4所示。同时，还需要结合行业特点进行合理的色彩选择和运用。如航天、海洋等行业，通常会采用稳重、带科技感的蓝色系；节能、有机食品等行业则往往选用生态、环保的绿色系。

图2-4 图形及其颜色填充

在色彩学上，有彩色系的颜色有三种基本属性，即色相（Hue）、明度（Brightness）和纯度（Saturation），有时也称它们为色彩的三大要素。

1）色相：即每种色彩的相貌，是区分色彩的主要依据。例如，常说天空是蓝色的，大地是黄色的，树木是绿色的（如图2-5所示），指的就是色相。

链2-2 图2-5彩图

图2-5 色彩的属性

2）明度：是指色彩的明亮程度，越接近白色明度越高，越接近黑色明度越低。例如，被阳光照射的大地，明度会高一些，阳光被云层遮挡的地面，明度就会低一些，如图2-5所示）。明度和色彩的深浅有关，如浅色比深色更亮，同时也和色相有关，如黄色比蓝色更亮。

3）纯度：也称作饱和度，是指色彩的纯净程度，通俗地说，是指色彩的鲜艳程度。如图2-5a的纯度就要比图2-5b的高。

需要注意的是，色彩的三种属性并不是孤立的，它们会彼此相互影响。例如，在红色中加入黑色则其明度和纯度都降低了；若在红色中加入白色则其明度提升了，纯度仍然是降低了。所以，在应用时需要综合考虑。

3. 颜色模型

除了用属性来描述颜色外，还可以用颜色模型来表示颜色。颜色模型的种类有很多，可以结合应用领域的特点和需求进行选用。这里介绍在计算机中常用的两种模型：RGB模型（如图2-6所示）和HSB模型（如图2-7所示）。

链2-3　图2-6彩图

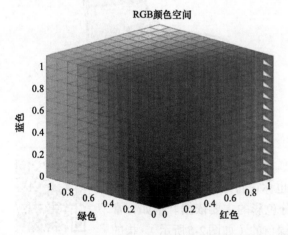
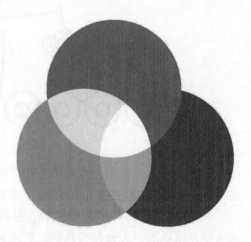

图2-6　RGB颜色模型

1）RGB颜色模型：也称色光三原色模型，是一种最为常见、应用最广泛的颜色模型。在模型中，R代表红色（Red），G代表绿色（Green），B代表蓝色（Blue），由这三种不能再分解的基本色相加混合能产生各种颜色。如图2-6b所示，红色和绿色等比混合，可以得到黄色；红色和蓝色等比混合可以得到品红，绿色和蓝色则得到青色。如果将三种颜色等比混合，则可以得到白色。

2）HSB颜色模型：该模型用颜色属性进行描述，其中H代表色相，S代表纯度，B代表明度，它是以人体对色彩的感觉为依据，因为人在区分颜色时，会按其色相、纯度和明度进行判别。在该模型中，色彩由围绕中心轴的角度给定，如红色对应的角度为0°，绿色对应角度为120°，蓝色对应240°；顶面半径方向代表着纯度，越往外纯度越高；垂直方向则代表了明度，越往上明度越高。

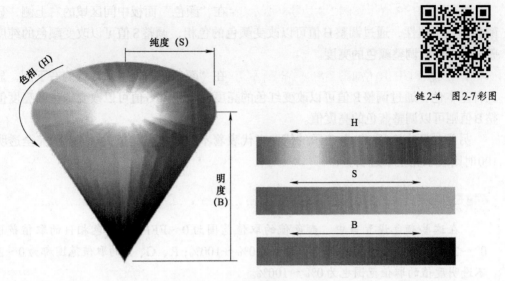

链2-4 图2-7彩图

图2-7 HSB颜色模型

4. 具体设置

在Animate中，可以在"颜色"面板（如图2-8所示）里进行颜色设置。该面板提供多种设置颜色的方式。

图2-8 Animate的"颜色"面板

1）直接选取颜色（如图2-8①号框所示）：在"颜色"面板中间左侧的颜色区域，通过拖动颜色滑块或直接单击，就可以选取颜色，选中的颜色将会显示在下方的方框中。

2）直接输入颜色值（如图2-8②号框所示）：每种颜色都对应着一个数值，因此，也可以通过在颜色区域下方的文本框中输入一个数值来设置颜色。注意：其前方有个#，表示是十六进制的颜色值。

3）设置HSB值（如图2-8③号框所示）：在"颜色"面板中间区域的右上侧，显示有颜色的三个属性，通过调整H值可以改变颜色的色相，调整S值可以改变颜色的纯度，调整B值则可以调整颜色的亮度。

4）设置RGB值（如图2-8④号框所示）：在"颜色"面板中间区域的右下侧，显示有三种基本色，通过调整R值可以改变红色的亮度值，调整G值可以改变绿色的亮度值，调整B值则可以调整蓝色的亮度值。

另外，还有个用"A"表示的值，它代表着不透明度，其值为0时表示完全透明，为100时则表示完全不透明。

> **知识拓展**
>
> 在这些颜色设置当中，颜色值的取值范围为0～FFFFFF；色相H的取值范围为0°～360°，纯度和明度的取值范围都为0%～100%；R、G、B的取值范围都为0～255；不透明度值的取值范围也为0%～100%。

2.2 绘图基础

1. "工具"面板

在Animate中，绘图功能主要通过"工具"面板中的工具来实现。软件设计人员已经将"工具"面板（如图2-9a所示）里的工具按照功能进行了划分，从上到下，大致上可以将它们分为六种类型。

链2-5　绘图基础

1）选择和变形工具：包括选择工具、部分选取工具、任意变形工具、3D旋转工具和套索工具等，它们的主要功能是选取或进行变形等操作。

2）绘图工具：包括钢笔工具、文本工具、线条工具、矩形工具、椭圆工具、多角星形工具、铅笔工具和画笔工具等，利用它们可以绘制各种线条和形状，也可以创建或编辑文本。

3）编辑工具：包括骨骼工具、颜料桶工具、墨水瓶工具、滴管工具、橡皮擦工具、宽度工具和资源变形工具等，通过它们能够进行颜色调整、擦除内容、连成骨架等操作。

4）舞台控制工具：包括摄像头、手形工具和缩放工具等，它们主要对舞台进行操作，如添加摄像头、平移舞台、缩放舞台等。

5）颜色设置工具：包括笔触颜色、填充颜色、交换颜色等，可以在这里设置笔触颜色和填充颜色，或进行两者的颜色交换等。

6）工具的选项：此部分会随着工具选取的不同而有所变化，有时也可能没有选项。

在"工具"面板中，部分工具的右下角有个小三角，这表示该项是工具组，可以在图标上按住鼠标左键，不久就会弹出隐藏的工具组列表以供选择（如图2-9b所示）。也可以用先单击该工具，然后再次单击的方式来打开这些工具组列表。

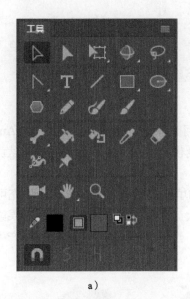

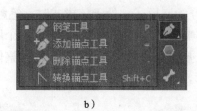

a)　　　　　　　　　　　　　　b)

图2-9　"工具"面板及其工具组示例

2．笔触与填充

在绘图时，通常会用轮廓线进行描述勾勒，然后再进行颜色填充，这时的轮廓线就对应着笔触，笔触里边的部分就对应着填充。如图2-10a所示，黑色的线条是笔触，它勾勒出了该图形的轮廓，而黄色部分则对应着图形的填充。

笔触和填充是彼此独立的，因此可以修改或删除其中的一个部分，而不会影响到另外一个部分。例如，可以在填充好需要的颜色后删除笔触，得到一个没有轮廓线的图形（如图2-10b所示），又或者对填充部分进行重新填色，等等。

a)　　　　　　　　　　　　　　b)

图2-10　笔触与填充

如果需要同时移动笔触和填充，可以双击填充区域，或者进行框选，然后再进行移动。如果要更改笔触或填充的颜色，除了在"属性"面板中进行更改外，还可以用颜料桶工具来更改填充颜色，用墨水瓶工具来更改笔触颜色。

当要互换笔触和填充的颜色时，可以单击"工具"面板中的"交换颜色"工具进行快速交换。

3. 绘制模式

绘制模式可以决定舞台中各对象之间是如何交叠的，又是如何编辑的。Animate提供三种绘制模式，分别为合并绘制模式、对象绘制模式和图元对象绘制模式，默认情况下是合并绘制模式。

1）合并绘制模式：处于该模式时，笔触和填充仍然独立，即笔触和填充可以单独选取、互不影响。所绘制的内容都处于同一个层次，即都在舞台的最底层。如果绘制的内容有重叠，重叠部分会因粘连而合并成一个整体，当再次分开时，在重叠区会产生缺口，如图2-11所示。

图2-11　合并绘制模式

2）对象绘制模式：在该模式中，图形是一个个独立的对象，笔触和填充不能直接单独选取。各图形虽然处于同一个图层，但它们之间会有上下不同层次的关系。当将它们重叠时，在视觉上会形成遮挡效果，但图形之间不会形成粘连关系，即分开后图形会依然完好，如图2-12所示。

图2-12　对象绘制模式

3）图元对象绘制模式：该模式是针对特定工具而设的，也就是基本矩形工具和基本椭圆工具。该模式下创建的图形其实也是对象，具备对象模式的特征，但所不同的是，它们的边角、内径等都是可以调整的，所以可以用它们来绘制圆角矩形、扇形等形状，如图2-13所示。

图2-13　图元对象绘制模式

知识拓展

当要切换为对象绘制模式时，可以在选取某个绘图工具后，在"属性"面板单击"对象绘制"按钮，使其处于打开状态；当要切换回合并绘图模式，则再次单击"对象绘制"按钮，使其处于关闭状态即可。如果要启用图元对象绘制模式，则直接选用基本椭圆工具或基本矩形工具即可。

2.3 形状绘制

1. 基本形状分析

通过"工具"面板可以观察到，像线条、矩形、圆形等基本图形，可以利用线条、矩形、椭圆等绘图工具直接绘制。而这些基本图形通过一些简单的处理，又可以变化出许多其他形状。例如，在图2-14中，希望绘制一把伞柄，通过仔细分析后发现，伞柄的形状主要是一条直线和一个U形的组合，随后联想到圆角矩形经裁剪后可以得到这样的形状，因此，就可以利用不带填充的圆角矩形来绘制。请想一想，伞面又该如何绘制呢？

链2-6 形状绘制

链2-7 图2-14彩图

图2-14 伞柄的绘制过程

2. 渐变填充

渐变填充是一种多色填充，可从一种颜色逐渐变化到另一种颜色，能有效丰富画面色彩，也是对象创建平滑颜色过渡的常用方法。在Animate中，渐变填充的类型有两种：线性渐变和径向渐变。

1）线性渐变：一种从起始点到终止点沿直线逐渐变化的渐变，如图2-15a所示。

2）径向渐变：从一个中心焦点出发沿环形轨道扩展的渐变，如图2-15b所示。

a)

b)

图2-15 线性渐变和径向渐变

渐变填充的具体设置，可以在"默认色板"中进行，也可以在"颜色"面板中进行。在"属性"面板中单击"笔触颜色"或"填充颜色"按钮，就可以打开"默认色板"（如图2-16a所示），在"默认色板"的下方，系统已经提供有一些渐变填充，直接单击就可以选用。如果是采用"颜色"面板（如图2-16b所示）设置，则先选择渐变填充类型，然后通过拖动色标滑块来改变颜色位置，或双击色标来修改颜色。

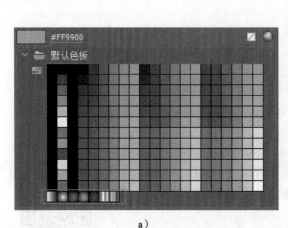
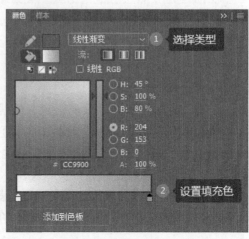

a）　　　　　　　　　　　　b）

图2-16　"默认色板"与"颜色"面板

知识拓展

如果要新增颜色，可以将指针移到方框内，当指针边上出现+号时单击即可，最多可以添加15种颜色。如果要删除颜色，直接将色标拖离方框即可。

如果想要修改一个对象的渐变填充，可以在"工具"面板中选择"渐变变形工具"，然后在该对象上单击，就会出现如图2-17所示的控制点，其中拖动中间的小圆点可以调整渐变的中心位置，拖动右侧上方带箭头的圆形可以调整渐变的方向，拖动右侧带箭头的方形则可以调整渐变的宽度。

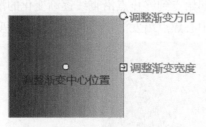

图2-17　渐变变形工具的功能

3. 实例解析

一个画面可以由多个图形构成，一个图形可以由一些形状来表现，而形状又可以从基本形状变化而来。因此，在利用基本形状绘制图形时，首先需要将画面中的图形进行分解，获得一些形状，然后再分析这些形状的构成特点，并由此找出要绘制的基本形状。

在图2-18所示的实例"蘑菇王国"里，可以观察到画面中有月亮、蘑菇灯以及背景色。从形状上看，有月牙形、半圆形、六边形和矩形等，其中矩形、六边形能直接绘制，而月牙形、半圆形需要经过处理才能获得。

图2-18　实例"蘑菇王国"

下面就来看看它的主要实现过程：

1）绘制背景：绘制两个任意色的矩形，然后进行线性渐变填充，填充颜色分别为#9900cc和#FC9DC5以及#E7EC98和9BFF00，并利用"渐变变形工具"进行填充方向、填充宽度的调整。

2）绘制月亮：可以利用两个大小不同、颜色不同、无笔触的圆形来创建月亮形状。圆形则可利用"椭圆工具"按住<Shift>键来绘制。为了方便调试，绘制模式也可以选用"对象绘制模式"。最后，需要将对象重新分离为形状，再进行删除操作。

3）绘制蘑菇灯：蘑菇灯实际上是由多个形状构成的，其中的六边形、小圆可以直接绘制，半圆则可以通过一个完整的圆裁去下半部分来获得。六边形的颜色为#FFFF66，半圆的颜色为#FE6603，装饰性小圆的颜色为#FF0066。为使灯的形状瘦长些，可以用"任意变形工具"将六边形稍往垂直方向拉伸一些。最后，单击"修改"菜单中的"组合"命令，将它们组合成一个"蘑菇灯"。

4）复制蘑菇灯：移动蘑菇灯的同时按住<Alt>键，可以复制出若干"蘑菇灯"，再用"任意变形工具"调整其大小、位置等属性。

知识拓展

"渐变变形工具"和"任意变形工具"在同一个工具组，默认时显示的是"任意变形工具"，因此在使用时需要先从工具组中选中它。

"渐变变形工具"对使用了渐变填充的对象才有效。

2.4 线条绘图

1. 绘制线条

线条在绘画中常被用来勾勒轮廓，在计算机绘图中也是如此。即便是没有轮廓线的图形，也可以先用线条进行勾画，待填充好颜色以后，再将不必要的线条删除。

链2-8 线条绘图

在Animate中，能够绘制线条的工具有多种，包括钢笔工具、线条工具、铅笔工具和画笔工具等。每种工具都有自己的特点，如线条工具能够画直线，铅笔工具和画笔工具能够画任意的曲线，而钢笔工具几乎能画任何平滑的线条，如图2-19所示。

图2-19 绘制的线条

知识拓展

有些工具通过配合<Shift>键使用，能绘制一些有特殊需求的线条，如线条工具能绘制45°角倍数的直线，铅笔工具和画笔工具则能画水平或垂直的直线等。

2. 钢笔工具

钢笔工具是一个功能非常强大、使用非常灵活的绘图工具，它与其他工具组合，能创建复杂的图形。对于初学者来说，一开始可能会觉得不太好掌握其使用方法。倘若在了解相关基础知识，并经过一段时间的熟悉和实践操作之后，就可以慢慢掌握其使用方法和技巧。

首先，来熟悉一下用钢笔工具绘制线条的基本方法，如图2-20所示。在选取钢笔工具以后，根据需求进行绘制。

1）画直线：在舞台中期望出现直线初始点的位置单击，然后移动钢笔工具到期望直线结束的地方，双击，即可画出一条直线段。

2）画折线：在舞台中期望出现折线初始点的位置单击，然后移动钢笔工具到期望出现转折点的第一个位置单击，这样就会得到第一条线段，然后移动钢笔工具到下一个转折点的位置继续单击，……最后在期望折线结束的地方双击，即可画出一条折线。

3）画曲线：可以在绘制好折线的基础上进行调整，或者在单击确定锚点的同时按住鼠标左键拖动以调整线条的形状。

图2-20 钢笔工具绘制线条

下面来熟悉一下，用钢笔工具绘图时结束路径的方法：

1）双击：在创建最后一个锚点时直接双击。

2）配合<Ctrl>键：在创建好最后一个锚点后，再按住<Ctrl>键，并在锚点外单击。

3）选用其他工具：创建好最后一个锚点后，选择其他工具，就会自动结束钢笔绘图。

4）使用<ESC>键：创建好最后一个锚点后，再按<ESC>键。

5）创建闭合路径：最后移到第一个锚点处，当指针出现带空心的小圆圈时单击，就会因创建了闭合路径而自动结束。

知识拓展

钢笔工具在使用时常见的状态：

◇ 初始锚点指针♣*：特点是钢笔图标边上带有星号，通常是在选用钢笔工具后，还没有开始绘图之前所处的状态，这时若在舞台单击，就可以确定线条的起始锚点位置。

◇ 连续锚点指针♣：它只有钢笔图标，表示此时处于继续绘制状态，即当单击时将在单击的位置继续创建一个锚点，并会用一条直线让其与前一个锚点相连接。

◇ 闭合路径指针♣○：是一个钢笔图标边上带圆圈的标记，它通常在当将指针移向初始锚点时出现，此时单击就会闭合路径，即使路径形成一个闭环。

◇ 添加锚点指针♣+：是钢笔图标边上带有加号的标记，它通常在当将指针移到路径上非锚点处时出现，表示可以在该位置添加一个锚点。

◇ 删除锚点指针♣-：是钢笔图标边上带有减号的标记，它通常在当将指针移到路径上的锚点处时出现，表示可以在该位置单击以删除该锚点。

◇ 连续路径指针♣/：是钢笔图标边上带斜杠的标记，表示从现有锚点扩展新路径。

◇ 回缩贝塞尔手柄指针♣∧：是钢笔图标边上带折角的标记，当指针位于显示其贝塞尔手柄的锚点上方时出现。

3. 实例解析

在使用线条绘图时，要注意观察和分析图形的特点，再结合分析结果来选取合适的绘图工具。例如，在图2-21所示的实例"山之巅"中，有山峰、太阳、旗帜、云层等内容。山峰及积雪主要由折线构成，可以选用线条类的绘图工具；云层由曲线构成，可以用线条变形或椭圆变形等方法获得；太阳和旗帜则是一些基本形状或线条，可以直接绘制。

其主要实现过程如下：

1）创建背景：可以用一个径向渐变填充的矩形来表示，颜色分别为#D9EFFD和#62ACCF。

2）创建远处的山峰：由于山峰主要由折线构成，所以选用"钢笔工具"会比较方便。闭合路径后填充颜色#56A2C6，然后再删除轮廓线条即可。

3）创建中间的山峰：可以继续用钢笔绘制山峰，也可以通过复制图层先获得一个相同的山峰，修改填充颜色为#612F0A后，改用"删除锚点工具"和"部分选取工具"等，进行锚点数量和位置的调整，使山峰看起来离得更近一些；再用"线条工具"画出山峰的侧面，并填充稍浅一些的颜色（#8F4916）；继续用线条勾勒山顶的积雪形状，填充积雪颜色，删除轮廓线。

图2-21　实例"山之巅"

4）创建近处的云层：这里选用"钢笔工具"先画闭合的路径，再改用"转换锚点工具"进行线条形状调整，然后填充颜色，再删除轮廓线。

5）绘制太阳和旗帜：可以用"椭圆工具""线条工具"和"多角星形工具"等来绘制。

知识拓展

"转换锚点工具""删除锚点工具"和"钢笔工具"在同一个工具组。默认显示的是"钢笔工具"，因此在使用时需要先在工具组中选择好相应的工具。

2.5　线条形状控制

1．控制线条形状

通常，一些线条复杂的图形，可以先通过基本形状、线条等进行粗略的描绘，再通过线条控制调整，使其形状达到实际应用需求。例如，想要绘制一个如图2-22a所示的图形，则可以先用一些基本形状工具和线条绘图工具，画出如图2-22b所示的图形，再通过能调整线条形状的工具来改变线条，从而绘得想要的图形。

链2-9　线条形状控制

在Animate中，能直接用以调整线条形状的常用工具有选择工具、转换锚点工具、部分选取工具等。选择工具是直接调整线条本身来控制线条形状，而转换锚点工具和部分选取工具则主要利用线条上锚点的方向手柄来控制。选择工具、部分选取工具以及添加锚点工具、删除锚点工具等还可以通过调整锚点的位置、数量来达到改变线条形状的目的。除此之外，当使用任意变形工具改变图形形状时，图形中的轮廓线（如果有的话）也随之变化了。

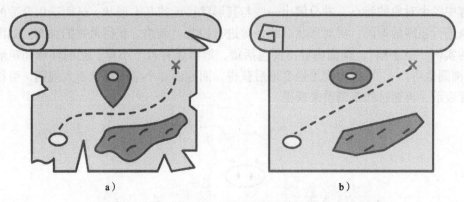

图2-22 复杂线条图形的绘制

2. 线条形状的控制方法

在调整线条形状的具体操作时，各种工具会有各自不同的功能。

1）选择工具：当将其移向线条时，若在指针边上出现弧线，这时按住鼠标左键拖动就可以改变线条形状；若出现的是直角标记，则按住左键拖动就可以移动锚点位置；在出现弧线标记时，若同时按住<Alt>键或<Ctrl>键再拖动，则会将线条变成折角状，同时也会在该点新增一个锚点。

2）转换锚点工具：用其在线条上单击，会显示出线条中的所有锚点，再在其中某个锚点上按住鼠标左键拖动，就可以改变线条形状，同时会出现该锚点的方向手柄，在方向手柄的末端按住鼠标左键拖动，可以继续调整。如果直接用该工具单击锚点，则可以将该锚点两端的曲线恢复到初始状态。

3）部分选取工具：用其在线条上单击，会显示出线条中的所有锚点，再单击其中的锚点，就可以显示出该锚点的方向手柄，在方向手柄的末端按住鼠标左键拖动，即可调整该锚点两端的线条形状。如果在锚点上按住鼠标左键拖动，则可以改变该锚点的位置，与其相连的线条形状也会随之变化。

4）添加锚点工具：用其在线条非锚点的地方单击，可以在该位置增加一个锚点，再通过线条调整，能达到控制局部线条位置的目的。

5）删除锚点工具：用其在线条的锚点上单击，可以删除该锚点，这时在原本与该锚点相邻的两锚点之间会自动用直线相连，从而改变线条形状。

知识拓展

在线条形状的调整过程中有时会自动生成一些锚点，影响到线段间的调整，可以适时地用"删除锚点工具"将不重要的锚点删除。

在调整时，还可以配合使用<Alt>、<Shift>和<Ctrl>等键，起到一些特殊的控制效果。

3. 实例解析

在进行线条形状控制之前，同样需要先对绘制的内容进行观察与分析，找寻需要绘制内容中各个对象的特点，并分解出一些与其形状接近的基本形状，进而选用合适的形状或线条进行粗略的勾画，再对形状、线条等进行控制、调整，获得最终的画面。如图2-23所示的实例"憨态猪"，画面内容主要包括猪、地面还有若干小草。猪的外形和矩形接近（其实椭圆也可以），可以由矩形经变形后获得，而地面和小草的形状不太规则，可以先用多边形表示，再通过线条调整来获得。

图2-23　实例"憨态猪"

实例"憨态猪"的主要实现过程如下：

1）绘制猪：绘制高度略大于宽度的矩形，填充色为白色，笔触为橙色#CC6600；再用"选择工具"先调整左右两侧，使两侧的上端都成为向内部凹陷的形状，然后将周边的线段都调整成向外略微凸出；最后，用"椭圆工具"添加猪的五官。

2）绘制地面：用"钢笔工具"绘制出地面的大致轮廓，可以先绘制一个接近的多边形再做形状调整，也可以边绘制边调整形状；接着，复制线条两次并挪动位置，以表现地面的层次，删除多余的线条；然后，用合适的颜色进行填充，注意线条要封闭；最后，删除轮廓线。

3）绘制小草：用"钢笔工具"绘制出草的大致轮廓，再用"选择工具"进行形状调整；填充适当的颜色；绘制椭圆作为阴影放到草的下方；复制并排列好各个草。

> **知识拓展**
>
> 在用颜料桶填充时，若发现无法填充，可以从以下几个方面检查：一是检查线条有没有闭合；二是检查在"工具"面板的选项区中，颜料桶的选项是否设为封闭空隙；三是检查线条是不是在对象绘制模式开启的情况下绘制的。

2.6　创建文本

1. 文本类型

文本是动画的重要组成元素之一，它除了可以起到传递作者思想、辅助说明、美化等作用外，还可以加入动态元素，成为动画主体的一部分。

在Animate中，文本分为静态文本、动态文本和输入文本三种类型。

1）静态文本：其在动画播放过程中不会改变，常用来作为说明性的文字使用，如图2-24a所示。

链2-10　创建文本

2）动态文本：其内容可以改变或自动更新，如现场温度的实时监测、竞赛的比分、粉丝的数量等都是动态变化的，就可以使用"动态文本"来表达，如图2-24b所示。

3）输入文本：其可以在用户和动画之间产生交互，例如，要搜索一些信息，就需要在输入框中输入内容，这时就适合采用"输入文本"，如图2-24c所示。

a)　　　　　　　　　　b)　　　　　　　　　　c)

图2-24　文本类型

2. 文本的创建方法

Animate中的文本可以使用"文本工具"来创建。在具体创建时，不同的创建方式会产生不同的文本效果。常用的创建方式有以下两种：

1）直接单击：该方式创建的是宽度可扩展的"文本标签"，显示的标记为小圆（○），小圆的位置在右上角，如图2-25a所示。其特点是"文本标签"随文字的多少自动扩展，不会自动换行，除非按<Enter>键。如果是"动态文本"或"输入文本"，则小圆的位置在"右下角"。

2）拖动鼠标：该方式创建是宽度固定的"文本框"，显示的标记为小方框（□），同样显示在右上角，如图2-25b所示。其特点是当输入文字超过设定宽度时会自动换行。如果是"动态文本"或"输入文本"，则小方框的标记显示在右下角。

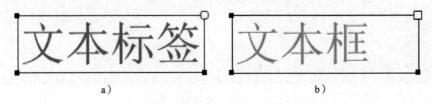

a)　　　　　　　　　　　　　　b)

图2-25　文本标签和文本框

如果要调整文本的颜色、字体、字号等属性，可以先选中所需的文本，然后在"属性"面板的"字符"选项中进行设置。还可以为文本设置段落属性、添加链接、添加滤镜等。如果是静态文本，还可以通过"属性"面板中的"改变文本方向"按钮来改变文字的排列方向，如图2-26所示。

图2-26　改变文字的排列方向

3．实例解析

文本在具体使用时，需要先根据文本所起的作用来选择合适的文本类型，再根据文字的多少以及文字的显示方式来创建合适的文本。例如在实例"系统登录首页"（如图2-27所示）中，左侧的"系统使用说明"和其下方的文字是不需要更新的，所以类型可以选用"静态文本；界面下方的日期则需要随着日历变化，所以需要选用"动态文本"；右侧的"会员登录"则需要用户输入自己的个人账户信息，所以适合选用"输入文本"。在宽度方面，左侧的文字中，标题内容较短，所以宽度固定或可扩展均可，而详细说明部分内容较多，一般需要多行显示，所以适合采用宽度固定的方式；下方的文字也较短，宽度固定或可扩展均可；右侧的登录文字虽然在设计时还不知道确切的长短，但一般会采用宽度固定方式。

图2-27　实例"系统登录首页"

实例"系统登录首页"的主要实现过程如下：

1）设置背景：从外部导入一幅合适的图片放到最底层作为背景。

2）输入左侧文本：选用"文本工具"，在舞台左侧单击并输入文字"系统使用说明"；选中所有文字，为其设置字体、字号、颜色等属性；再次选用"文本工具"，在刚才文字的下方用鼠标拖动的方式创建文本，输入相关的说明文字，并设置字体、段落、滤镜、超链接等内容。

3）输入下方文本：选用"文本工具"，类型改为"动态文本"，在舞台下方单击并输入一个日期；在"属性"面板中为其输入实例名称。

4）输入右侧文本：选用"文本工具"，类型改为"动态文本"，在舞台右侧"会员登录"的下方拖动以创建文本；在"属性"面板选中"在文本周围显示边框"按钮，让其在运行期间能显示出方框，再设置好实例名称；用相同的方法创建另一个文本。

5）运行测试：部分效果需要在运行时才能看，所以按 <Ctrl> 和 <Enter> 键进行运行测试。

知识拓展

比较有意思的是，文本框可以转换为文本标签，方法是：双击右上角或右下角的方形标记。动态文本标签或输入文本标签通过调整框的大小，又可以转换为相应的文本框。

2.7 修饰文本

1. 分离文本

文本也是一种可以被设计的对象，精美的文本会让人眼前一亮、印象深刻。如果想要通过拆分、变形、重构等方式对文本进行设计（如图 2-28 所示），首先需要对文本进行分离，使其成为图形，然后再借助编辑图形的方式对其进行设计和编排，最终达到想要的结果。

链 2-11 修饰文本

图 2-28 文本设计

在分离文本时，不同的文字数量对所需的分离次数有所不同。

1）单个文字或字母：分离一次即可成为图形。

2）多个文字或字母：需要分离两次，第一次是将整段文本分离为一个个的文字或字母，第二次是将每个文字或字母继续分离为图形。

分离后的文本不再具有文本属性，但具备图形的属性。也就是说，不能再对分离后的文本进行字号、字体、段落等属性的调整和修改，但可以对其进行填充、拆分、变形等适用于图形的操作。

2. 实例解析

汉字是中国文化的基本要素之一，具有独特的魅力。汉字的书写也是一门古老的艺术，每逢春节等重要节日，写春联、贴福字等都是大家喜闻乐见的事情。下面就通过一个实例"春"来熟悉文字重构、修饰的基本方法，如图2-29所示。通过观察，可以从结构上将该字分为3个部分：最上边的青字头、中间的椭圆半圆和下边的圆形。青字头可以从"青"字中获得，中间和下边的圆则通过绘制、变形、截取等方式获得。

图2-29　实例"春"

实例"春"的主要实现过程如下：

1）制作"青"字头部分：选用"文本工具"，在舞台中间单击并输入文字"青"，设置好字体、字号、颜色、位置等属性；再将文字分离为图形，将下半部分的"月"字删除。

2）制作"日"字部分：改用"椭圆工具"并配合功能键进行画圆，注意各圆的位置。

3）制作文字的中间部分：利用"椭圆工具"绘制出各种需要的圆形，并根据需要进行复制；删除不需要的部分；再移动各自的位置进行拼接组合，使整个"春"字成为一个协调的整体。

知识拓展

要为对象进行分离操作，除了在对象上使用右键菜单外，还可以使用组合快捷键<Ctrl+B>。

要显示舞台中的网格线，可以单击"视图"菜单中"网格"下的"显示网格"命令；如果需要调整网格大小，单击"视图"菜单中"网格"下的"编辑网格"命令进行调整。

本 章 小 结

本章主要介绍了图的分类、颜色模型及其属性、"工具"面板、笔触与填充、绘制模式、渐变填充、钢笔工具、形状绘制、线条绘图、线条形状控制，以及文本类型、文本的创建与修饰等内容。图形是创建动画的基础，学会如何准确、高效地绘制所需图形是一项非常重要的技能，要通过平常的实践练习、分析总结来逐步提升绘图技巧和效率。文本也是一种可设计的对象，也能成为动画的主体，与众不同的文本能给人带来不一样的视觉感受。

练习与思考

➥ 单选题

1. 在色光三原色模型中，三种基本色不包括（　　　）。

A. 红色　　　　　B. 绿色　　　　　C. 黄色　　　　　D. 蓝色

2. 下面有关笔触和填充的说法错误的是（　　　）。

A. 笔触是指图形的轮廓线

B. 一个对象可以没有填充

C. 笔触和填充相互有影响

D. 在填充区域双击，可以同时选中笔触和填充

3. 要用拖动的方式复制，则应按住（　　　）键。

A. <Ctrl>　　　　B. <Shift>　　　　C. <Tab>　　　　D. <Alt>

4. 用钢笔工具绘制线条后，如果想要调整线条形状，则应选用（　　　）。

A. 转换锚点工具　B. 添加锚点工具　C. 删除锚点工具　D. 钢笔工具

5. 要使用户能够输入自己的账号和密码，应选用（　　　）。

A. 静态文本　　　B. 动态文本　　　C. 输入文本　　　D. 输出文本

➥ 思考题

1. 常见的颜色模型有哪些？它们都分别用在什么样的场合？

2. 不同的绘图模式会带来不同的结果，请通过实践来分析总结这些结果之间能不能相互转换。转换的方法是什么？

第 **3** 章

创建与编辑元件

学习目标

- 理解元件的含义与作用；
- 熟悉元件的类型；
- 学会元件的创建方法；
- 理解元件与实例的关系；
- 学会元件的编辑方法；
- 理解变换点与注册点；
- 理解元件嵌套的含义和用法；
- 掌握元件与实例的操作方法。

3.1 创建元件

1. 元件的含义

在现实世界中，元件常指电器、仪表等工业用的某些零件，是小型机器、仪器的组成部分，如电容、晶体管等。在 Animate 中，元件是动画的组成部分，如树、船、房子等（如图 3-1 所示），它是一种存放在库中的可重用资源。元件本身可以是一小段动画，若干元件可以构成一个更复杂的元件。元件一经创建，就会自动成为当前文档中库的一部分，并能够在整个文档或其他文档中重复使用。

链 3-1 创建元件

图 3-1 现实世界中的元件和动画中的元件

2．元件的作用

观察图3-2所示的画面，重点是要关注这幅图中的元素构成有什么特点。

图3-2　使用元件创建的画面

通过分析可以发现，图片中其实只有两种元素：圆形和叶子。因此，只需要创建圆形元件和叶子元件，然后重复使用和编排他们，就可以获得上图的效果。使用元件，一方面因只需存储一次，可以减少文件大小，提高下载速度；另一方面，还能实现资源共享和提高工作效率，也就是说，还可以在其他文档中使用这个圆形元件或叶子元件。

3．元件的类型

在Animate中，元件分为三种，分别为影片剪辑元件、图形元件和按钮元件，每种元件都有自己的使用方法和特定的图标。

1）影片剪辑元件（图标为 ▣）：影片剪辑元件是使用最频繁、功能最强大的元件之一，常用来创建可重用的动画片段。可以为影片剪辑添加滤镜、应用颜色模式等，以利用特效来丰富其展示。影片剪辑拥有自己独立的时间轴，可以不依赖主时间轴，这给制作复杂的动画带来了便利。例如，鸟的飞行（如图3-3所示），其翅膀的拍打和身体的前行可以独立制作。另外，还可以使用ActionScript对影片剪辑进行脚本编写，使其能对用户的行为做出响应，如缩小某个对象、滑动某张图片等。

图3-3　鸟的飞行可以用影片剪辑元件

2）图形元件（图标为▣）：图形元件可用于静态图像，或连接到主时间轴的可重用动画片段，也可以用来创建更加复杂的影片剪辑元件。当需要在多个版本的图形间切换时，例如，当需要将不同的口形与声音进行同步，就可以通过在各个关键帧中放置不同的口形图形元件来进行同步，如图3-4所示。图形元件需要依赖主时间轴来运行，所以交互式控件在图形元件的动画序列中将不起作用。此外，图形元件也不支持ActionScript，不能应用滤镜或混合模式。由于没有时间轴，图形元件在FLA文件中的容量小于按钮或影片剪辑。详情可参见本书9.5节。

图3-4 利用图形元件实现口形与声音同步

3）按钮元件（图标为👆）：如图3-5所示，按钮元件常用于创建和响应鼠标的单击、滑过或其他交互式动作。可以定义与各种按钮状态关联的图形，然后将动作指定给按钮实例。按钮元件包含有4个独特的关键帧，用来描述与鼠标的基本交互。具体将在第8章介绍。

图3-5 利用按钮可以响应单击等事件

4. 元件的创建方法

在Animate中，常见的创建元件的方法有三种。

（1）将已有内容转化为元件

1）选取对象：在舞台中选中需要创建为元件的一个或多个对象。

2）选取转换动作：单击"修改"菜单中的"转换为元件"命令，或在对象上右击，单击"转换为元件"命令。

3）设置名称与类型：在"转换为元件"对话框中输入元件名称并选择"元件类型"。

4）将元件存入库：单击"确定"按钮，元件就会自动存储到"库"面板中。

（2）直接创建新的元件

1）选取新建动作：单击"插入"菜单中的"新建元件"命令，或单击"库"面板左下角的"新建元件"按钮。

2）设置名称与类型：在"创建新元件"对话框中输入元件名称并选择"元件类型"。

3）将元件存入库：单击"确定"按钮，元件就会自动存储到"库"面板中。

4）制作元件：可以使用绘图工具、时间轴等制作元件。

5）返回文档编辑模式：单击"编辑"菜单中的"编辑文档"命令，或单击"编辑栏"中的场景名称，都可以返回到场景。

 知识拓展

转换为元件的快捷键为 <F8>，新建元件的快捷键为 <Ctrl＋F8>。

（3）以导入方式创建元件

1）导入外部内容：单击"文件"菜单中"导入"下的"导入到舞台"或"导入到库"命令。

2）选取导入内容：选取要导入的文件，通常是扩展名为 .ai 或 .psd 的文件，单击"打开"按钮。

3）设置导入选项：在"导入"对话框中，选取需要导入的图层，并选中"创建影片剪辑"复选框。

4）将元件存入库：单击"导入"按钮，元件将自动存入"库"面板。

5. 实例解析

下面通过实例"森林夜曲"（如图3-6所示）来说明元件的各种不同创建方法。该文件在最初只有一个"背景"图层和一个"小鹿1"图层，在"小鹿1"图层中已经绘制好了一只鹿，随后将使用前面介绍的不同方法来创建元件。

图3-6 实例"森林夜曲"

实例"森林夜曲"的主要实现过程如下：

1）将现有内容转为元件：为观察方便，先关闭时间轴的"背景"图层，只保留"小鹿1"图层；在舞台单击"小鹿1"，可以一个个单独选中鹿的每个部分，再查看"属性"面板，显示的是"绘制对象"，也就是"小鹿1"现在还不是元件；下面选中"小鹿1"的所有组成部分，按"转换为元件"的快捷键<F8>，在弹出的"转换为元件"对话框中输入名称"小鹿1"，类型设为"影片剪辑"，单击"确定"按钮就可以将其转为元件了；展开"库"面板可以发现已经生成了"小鹿1"元件，其前方显示有"影片剪辑"元件的标记 ，在舞台再次单击"小鹿1"的任何部分，可以发现它已经变成了一个整体。

2）直接新建元件：在时间轴重新打开背景图层；在"库"面板左下方单击"新建元件"按钮，在弹出的对话框中输入名称"音符"，并单击"确定"按钮，这时舞台进入"元件编辑模式"；在"工具"面板选择"椭圆工具"，设置一种填充颜色，笔触为无，关闭对象绘制模式，在舞台画一个小的椭圆，用"任意变形工具"稍做旋转；改用"线条工具"，设置好笔触颜色等，按住<Shift>键画一条同色的直线段；单击舞台左上方的"场景1"返回，这样就创建好元件了，同样，它也存储在"库"面板中。

3）从外部导入来创建元件：单击"文件"菜单中"导入"下的"导入到舞台"命令；选取"长颈鹿2"文件打开，在"导入"对话框中单击"deer2"图层，并选中右侧的"创建影片剪辑"复选框，再单击"导入"按钮，这时舞台中出现了鹿，时间轴中也多了一个"deer2"图层，"库"面板中也出现了长颈鹿的文件夹；单击前方的三角按钮可以展开，其中带有类似于齿轮标记的对象，这就是"影片剪辑元件"，选用"任意变形工具"调整鹿的大小和位置。

3.2 编辑元件

1. 元件与实例

创建元件以后，就可以使用这个元件了。当将元件从"库"面板拖入舞台或其他元件中，就创建了这个元件的一个实例。实例是元件的一个副本，可以在颜色、大小和功能等方面与其父元件有差别，如图3-7所示。编辑元件会更新它的所有实例，但对元件的一个实例应用效果则只更新该实例。

链3-2 编辑元件

图3-7 基于同一个元件的不同实例

如果希望一个实例不再受其父元件的影响，则可以将该实例单独分离出来。其方法是：在舞台中的实例上右击，单击"分离"命令，或者是单击"修改"菜单中的"分离"命令。

2. 标签色板

色板是预先设置的、有系统排列的颜色样本，能方便选取颜色。Animate系统本身提供有默认的色板，使用时只要按需求单击选用即可。也可以自己定义一些常用的颜色，并将它们添加到色板，方便后续使用。

标签色板是一种具有特殊标记的色板，将其与图形或图形的局部关联，可以方便地进行统一颜色管理。

创建标签色板的方法如下：

1）打开"样本"面板：单击"窗口"菜单中的"样本"命令，或单击"颜色"面板中的"样本"选项卡，如图3-8a所示。

2）确定颜色：新建一个色板或选取现有色板中的颜色。

3）新建"标签色板"：单击左下方的"转换为带标记的色板"按钮。

4）设置属性：输入名称等属性内容。

5）添加到"样本"面板：单击"确定"按钮，将定义的标签色板添加到"样本"面板，如图3-8b所示。

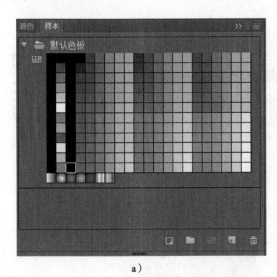
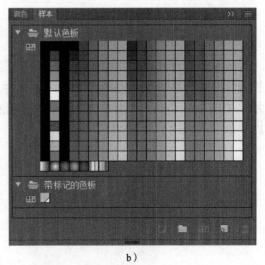

图3-8 "样本"面板与建有"标签色板"的样本面板

3. 元件的编辑模式

创建的元件如果在使用时达不到实际需求，可以通过编辑元件来重新修改。元件的编辑模式大致可以分为三种：就地编辑模式、元件编辑模式和新窗口编辑模式。其中，又以前两种方法用得更多一些。

（1）就地编辑模式

1）进入该模式：在舞台中双击该元件的一个实例；或在相应实例上右击，单击"在当前位置编辑"命令；或选中相关实例，再单击"编辑"菜单中的"在当前位置编辑"命令。

2）编辑修改元件：按需求对元件进行编辑修改。

3）退出该模式：从编辑栏中的"场景"菜单选择当前场景名称，或单击"编辑"菜单中的"编辑文档"命令，或双击元件内容的外部。

（2）元件编辑模式

1）进入该模式：双击"库"面板中的元件图标；或在舞台中的元件实例上右击，单击"编辑元件"命令；或选中相关元件实例，单击"编辑"菜单中的"编辑元件"命令，也可单击编辑栏中的"编辑元件"按钮。

2）编辑修改元件：按需求对元件进行编辑修改。

3）退出该模式：单击舞台上方编辑栏内的场景名称，或单击"编辑"菜单中的"编辑文档"命令，或单击编辑栏中的"编辑场景"按钮。

（3）新窗口编辑模式

1）进入该模式：在舞台中的元件实例上右击，单击"在新窗口中编辑"命令。

2）编辑修改元件：按需求对元件进行编辑修改。

3）退出该模式：单击窗口的"关闭"按钮。

3.3 使用元件

1. 变换点与注册点

变换点与注册点是两个不同的概念，在实际操作时需要注意区分。变换点是一个元素在变形时的参考点，默认为元素的中心，用一个小圆圈表示。如图3-9所示，图形的变换点在中间偏左上位置，当其发生旋转变形时，就会围绕这个点来旋转。

链3-3　使用元件

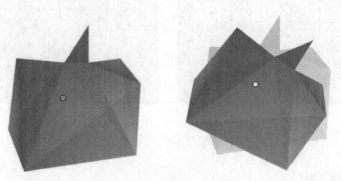

图3-9　图形的变换点与旋转

注册点是一个元素在定位时的坐标参照点，用一个十字表示。每个元素都有注册点，绘制的矩形、圆形等的注册点位于其左上角，默认是隐藏的。元件的注册点在创建时可以设定，注册点和变换点可以设为一样，也可以不同。如图3-10所示，变换点在偏右位置（为一个小圆圈），注册点在偏左位置（为一个十字形）；如果以变换点为参考点，则其坐标位置为（231.05, 198.10），如果以注册点为参考点，则其坐标位置为（156.00, 196.05）。

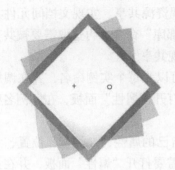

图3-10 图形的注册点与变换点

2. 元件嵌套

嵌套可以理解为镶嵌、套用的意思。元件嵌套是指将一个元件再放到另一个元件当中去,以产生一个更为复杂的元件。如图3-11所示,可以先创建"树叶"元件,然后再由多个"树叶"元件的实例和其他元素一起构造成一棵"树"元件。

图3-11 树叶元件与树元件

3. 元件与实例操作

1)直接复制元件:如果两个元件非常接近,也可以通过直接复制的方法来创建元件。方法为:在"库"面板中选中原始元件并右击,单击"直接复制"命令,在弹出对话框中输入新元件的名称,并选取类型。

知识拓展

在右键菜单中,还有一个"复制"命令,它的作用是复制一份相同的元件,当修改其中一个元件时,另一个元件会受影响;而采用"直接复制"命令创建的元件,它们是相互独立的,修改其中的一个,另一个不会受影响。

2)修改元件属性:如果想改变一个元件的属性,如名称、类型等,可以在"库"面板的元件上右击,单击"属性"命令,以打开"元件属性"对话框。

3）共享元件：使用元件的优势之一是能够实现资源共享。实现文档间元件共享的方法为：单击"文件"菜单中"导入"下的"打开外部库"命令，再选取需要被共享的元件所在的文档，将其中的元件拖入当前文档，即可实现共享。

4）命名元件实例：当舞台中有多个实例时，可以为每个实例命名，并在调用时，可以通过实例的名称加以区分。方法为：选中实例，打开"属性"面板，在实例名称框中输入实例名称。

5）设置元件实例属性：每个实例都可以拥有自己的属性，如类型、位置、大小、色彩、混合模式以及滤镜等。要修改实例的属性，也需要打开"属性"面板，并在该面板中找到相应的属性类别修改设置即可。

4．实例解析

在图3-12所示的实例"鹿的世界"中，除了要导入其他文件中的元件外，主要是要创建花朵。由于花朵是由花瓣组成的，每个花瓣的外观是一样的，所以可以将花瓣创建为元件，然后进行元件嵌套，使其成为花朵元件，以方便重复使用。同样，每一朵花下面的茎叶也是一样的，所以也可以将其创建为元件。

图3-12 实例"鹿的世界"

实例"鹿的世界"的主要实现过程如下：

1）创建花瓣及花朵元件：新建元件，设置名称为"花朵1"、类型为"影片剪辑"；用"钢笔工具"在舞台绘制花瓣，选用"颜料桶工具"，设置径向渐变填充，在舞台花瓣中单击并适当调整渐变颜色位置；选用"选择工具"，单击花瓣边线，按<Delete>键将其删除；再选中花瓣，按<F8>键将其转为元件"花瓣1"，这样留在舞台上的其实是"花瓣1"的实例，或者说，"花朵1"元件中嵌套有"花瓣1"；用"任意变形工具"调整变换点到花瓣一侧，打开"变形"面板，设置旋转为72°，再单击右下角的"重制选区和变形"按钮，共计4次，这样"花朵1"元件就创建好了。

2）创建茎叶元件：新建元件"茎叶"、类型为"图形"；选用"钢笔工具"在舞台画一个三角形，再用"选择工具"调整线条弧度，用"颜料桶工具"填充颜色，用"选择工具"选中边线，按<Delete>键删除；复制一个叶片，并在叶片上右击，单击"变形"下的"水平翻转"命令，适当调整位置；用"线条工具"设置好颜色、大小后，按住<Shift>键在叶片中间画垂直的线。

3）复制现有元件来创建花朵、花瓣：在"库"面板的花瓣上右击，单击"直接复制"命令，并重命名为"花瓣2"；用同样的方法复制创建"花朵2"，双击"花瓣2"将其在舞台打开，选用"任意变形工具"，选用"封套"，在舞台单击"花瓣2"，稍微修整其形状，并单击"颜色"面板，修改其渐变填充颜色；双击"花朵2"将其在舞台打开，选中所有花瓣，在"属性"面板中单击"交换"按钮，在"交换元件"文本框选中"花瓣2"，再单击"确定"按钮。这样，通过修改就创建好了"花朵2"。

4）添加元件实例到画面：返回"场景1"，新建图层"花朵"，从"库"面板拖入花朵、茎叶元件，并适当搭配，还可以在"属性"面板中给各个实例命名。

5）共享元件：在前面的"森林夜曲"实例中，已将小鹿1转为元件，因此，它就可以被自身或其他文档所共享了；单击"文件"菜单中"导入"下的"打开外部库"命令，单击"森林夜曲"文件将其导入，这时会出现该文件的"库"面板，将其中的"小鹿1"拖入到舞台，同时"小鹿1"也被添加到了"库"面板。在舞台适当调整小鹿的位置与大小。

知识拓展

若想将舞台设为与背景图同样大小，可以在导入背景图片到舞台以后，在文档的"属性"面板中单击"高级设置"命令，再在弹出的对话框中选中"匹配内容"项。

本章小结

本章主要介绍了元件及其作用、元件的类型、创建和编辑元件的方法、元件与实例的关系、元件嵌套以及元件与实例的相关操作等内容。元件是一种只需创建一次并能反复使用的小部件，它是构成动画的主体，在动画中有着极其重要的作用。合理地使用元件，可以提高制作动画的效率。

练习与思考

↘单选题

1. 用工具栏中的"椭圆工具"绘制的圆是（   ）。
A. 元件   B. 图形   C. 形状   D. 影片剪辑

2. 元件有3种类型，以下不属于元件类型的是（   ）。
A. 图形   B. 影片剪辑   C. 按钮   D. 图片

3. 不支持Action Script的元件是（   ）。
A. 图形   B. 影片剪辑   C. 按钮   D. 以上都是

4. 创建元件的方法有多种，不包括（   ）。

A. 导入创建 　　　　　　　　B. 转换成元件

C. 新建元件 　　　　　　　　D. 直接拖到库面板创建

5. 如果希望能参考周边环境进行元件编辑，则（　　　）。

A. 在"库"面板双击元件图标

B. 在"库"面板双击元件名称

C. 在舞台双击元件实例

D. 从"库"面板拖动元件到舞台

➥思考题

1. 直接导入一幅图片，能否创建元件？若要创建，该如何操作？

2. 能否局部修改一个元件的实例？若要修改，该如何实现？

第 **4** 章

补间动画

学习目标

- 熟悉动画的基本原则；
- 掌握动画的分类及特点；
- 熟悉动画的相关术语；
- 掌握补间动画的创建方式
- 熟悉补间动画的对象要求；
- 理解缓动效果的使用；
- 学会创建位移动画；
- 学会创建透明度动画；
- 学会创建旋转和缩放动画；
- 学会创建路径引导动画；
- 理解传统补间动画的使用；
- 学会创建嵌套动画。

4.1 动画原则

1. 动画原则的提出

动画原则是由迪士尼（Disney）动画制作人弗兰克·托马斯（Frank Tomas）和奥利·约翰斯顿（Ollie Johnston）基于数十年的动画制作经验而提出的，并在出版于1981年的 *The Illusion of Life: Disney Animation* 一书中有过完整的总结。这些动画基本原则为如今的动画制作提供了重要的参考和指导。合理地运用这些基本原则，可以让动画看上去更真实、更有趣、更富有生命力。

链4-1 动画原则

2. 动画原则的具体内容

动画原则一共有12条，包括：

1）挤压与拉伸（Squash and Stretch）：被认为是最重要的原则，其目的是用拉长或压平来强调速度、动力、重量和质量，使物体看起来富有弹性。在使用时要注意保持物体总

055

体量的不变性，如方块受挤压时宽度会增加，则其高度就会减少。

2）预备动作（Anticipation）：用来让观众产生预期或做好心理准备，同时也能使这个动作的出现更真实。例如，一个人要向上跳跃，首先会有个向下蹲的预备动作，以便为起跳积蓄能量。

3）舞台呈现（Staging）：这个原则会涉及时间控制、视角、站位等多个方面，其目的是要使实现场景中的所有元素通力协作，以便能清晰地引导观众的视线，让他们清楚地知道应将视点移动到哪里。因此，要避免在同一时间有过多琐碎的动作与变化。

4）连续动作与姿态对应（Straight Ahead and Pose to Pose）：这其实是阐述了做动画的两种方法：连续动作是以清晰的思路依次设计每一个动作，直到完成最后一个动作为止；姿态对应的则是先有计划地安排一组贯穿始末的关键动作，之后再设计每个关键动作的细节动作。在实际动画制作中，通常会两种方法结合着使用。

5）跟随与重叠动作（Follow Through and Overlapping Action）：跟随是指主体静止后，主体部件由于惯性还在继续运动；重叠则是指主体和它的其他部件在时间上错开，产生了重叠效果。例如，推动一杯水，当杯子停止后，杯中的水会因为惯性而继续重复晃动，直到最后停下来。

6）缓入与缓出（Slow In and Slow Out）：这是实现逼真运动的重要原则之一，几乎所有的运动都是缓慢开始，之后加速，最后缓慢结束。因此，没有使用缓入和缓出效果的动作，会显得机械与僵化，缺少活力。

7）弧形运动（Arcs）：大多数生物都会沿一个弧形的轨迹运动。例如，日常行走时，身体都会有上下起伏的弧形轨迹；一个被扔出去的球，也会是弧线轨迹。因此，在制作动画时也要跟随这个原则。

8）附属动作（Secondary Action）：是指支持主要动作的姿势，在设计动作时，要考虑动作的主体和从属部分。例如，一个人在骑自行车时，除了腿部的踩踏板动作，还会有身体的上下起伏、头发被吹动等附属动作。

9）时间控制（Timing）：在动画中，时间控制意味着运动控制，运动控制的关键是动作的节奏与重量感。动作的节奏不仅会影响动作自然与否，还可以反映出角色的状态；所有的物体都有重量，节奏可以营造物体的重量感。

10）夸张（Exaggeration）：是指对对象的特性进行夸大化处理，是动画中非常常见的表现手法。在实际运用时，要注意对夸张程度的拿捏，适当的夸张会让动画看起来更可信、更有趣。

11）描绘功底（Solid Drawing）：这个原则是要确保对象看上去像是在有体积、重量和平衡的三维空间中，因此需要理解物体在三维空间的形态，并通过透视原理、色彩变化、绘制阴影等方式，将空间感等画面效果更好地表现出来。

12）吸引力（Appeal）：也就是让动画有吸引人的超凡魅力，好看、有趣、有活力，它需要通过前面一系列原则的综合运用来体现。同时，还可以借鉴、吸收和融合其他艺术元素，交织出整体感最好的动画作品。

这12条原则，在很多动画片中都能发现它们的身影。

4.2 补间动画基础

1. 动画的分类

从制作方式上，可以将Animate动画分成两类：逐帧动画和补间动画。

1）逐帧动画：就是一帧一帧地绘制画面内容，它具有非常大的灵活性，几乎能表现任何内容，包括一些细微的动作、细腻的表情等。其缺点是工作量比较大，并且输出文件相对也比较大。图4-1a所示就是一个逐帧动画的例子。

链4-2 补间动画基础

2）补间动画：是在确立好关键画面的基础上，通过插补中间的过渡画面来实现的动画；通常这个插补动作由计算机插值计算、自动形成。其主要用来创建运动动画，如实现对象的位置、大小、颜色等的变化。图4-1b所示就是一个补间动画的例子。

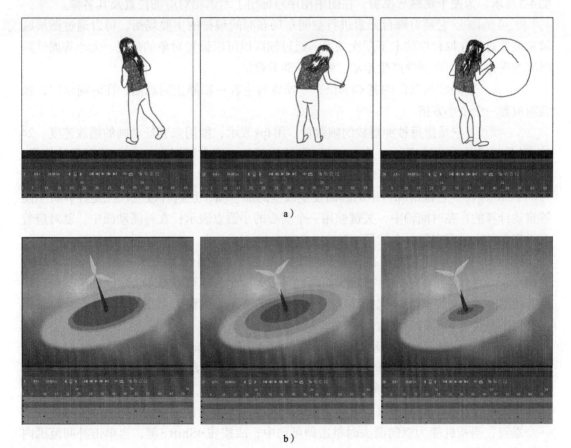

a）

b）

图4-1 逐帧动画和补间动画

补间动画可以进一步细分为"动作补间动画"和"形状补间动画"，如图4-2所示。在Animate中，"动作补间动画"就称作"补间动画"，它可以对同一对象的位置、大小、颜色、透明度等进行补间；形状补间动画则是对两个形状不同的对象进行补间的动画，本书将在第6章对其做详细介绍。

图4-2　动作补间动画和形状补间动画

2. 相关术语

在开始正式设计与制作补间动画之前，先来熟悉一些与Animate动画相关的术语。如图4-3所示，为便于观察与说明，在图中用序号标出了术语相对应的位置及其名称。

1）时间轴：它是对舞台元素进行空间布局和时间编排的主要场所，可以通过图层区域来设置对象在舞台中的上下层次关系，通过帧区域可以设置对象的位置、大小等属性随时间的变化，从而让对象产生运动、缩放等动态效果。

2）帧：它是动画制作的基本单位，一帧就对应着一幅静止的画面，在时间轴中，帧就对应着一个个小方格。

3）帧频：它是指每秒钟播放的帧数量，用fps表示，能用来表征动画的播放速度。24帧/秒是标准的动画速率，也是Animate默认的帧频，通常可以在Web上获得最佳效果。帧频和帧数量一起就可以计算动画的时间长度。

4）关键帧：它是指舞台中的画面发生改变的那一帧，且这种改变往往是计算机不能够自动计算的。在时间轴中，关键帧用一个实心的小圆点表示；在补间动画中，就对应着元件实例首次出现在舞台上的那一帧。

5）属性关键帧：它是指在补间动画中显式定义对象属性值的那一帧。在时间轴中，它用一个黑色的菱形来表示。被定义的属性可以是一个，也可以是多个。默认时，会显示所有的属性关键帧。也可以选择显示部分或全部不显示，方法为：在补间动画任意帧上右击，然后根据需求单击需要的命令。

6）补间：它源于传统的动画领域，意指动画师绘制中间过渡帧的工作，如今这些工作可以由计算机进行插值运算，以自动实现关键帧之间的平滑过渡。

7）补间范围：它是指时间轴中一组连续的有颜色的帧，其中可能包含对象属性变化的属性关键帧。补间范围可以当成一个整体来选择，方法是：将指针移向补间范围的任意一个端点，当指针变为双向箭头时单击即可选中；或按住<Shift>键，再单击补间范围内任意帧。选中之后可进行移动、缩放、复制等操作。

8）目标对象：它是指补间范围中的元件实例或文本。每个补间范围最多只能有一个目标对象，如果往补间范围中添加新的目标对象，则替换原有的目标对象。

9）运动路径：如果目标对象的位置发生变动，就会产生相应的运动路径。该路径显示出了目标对象移动时所经过的轨迹。运动路径也是一个可编辑的对象，改变运动路径就会改变对象的运动状态。

图4-3　相关术语在Animate中的对应关系

4.3 位移动画

1. 补间动画的创建方式

在Animate中，补间动画的创建方式大致可以分成两种：使用菜单或右键命令。

链4-3　位移动画

1）菜单方式：在舞台选取需要创建补间的对象，单击"插入"菜单中的"补间动画"命令，如图4-4a所示，当所选对象符合创建要求时就会成功创建。

2）右键方式：又可以细分为：①在舞台对象上右击，单击"创建补间动画"命令，如图4-4b所示；②在时间轴有对象的帧上右击，再单击"创建补间动画"命令，如图4-4c所示。同样要求所选对象要符合创建要求。

2. 补间动画的对象要求

在创建补间动画时，所选的对象要符合以下要求中的一个（如图4-5所示）：

1）元件：包括影片剪辑、按钮和图形3种类型的元件实例。

2）文本：包括静态文本、动态文本和输入文本。

如果所选对象不符合以上所列要求，则通常会弹出提示框，询问是否进行元件转换，这时可以根据实际进行选择。如果选择的是确定要进行转换，则系统会将所选对象创建为"影片剪辑"元件，从而舞台上的对象也就自动成为该影片剪辑元件的实例了。

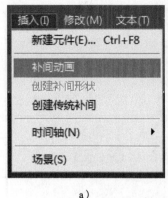
a)

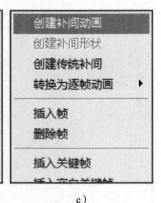
b)

c)

图4-4　创建补间动画的方式

图4-5　补间动画的对象要求

3. 位移动画的创建方法

位移动画也就是让对象的位置发生变化的动画，换句话说，就是对象的位置属性会随着时间的推移而产生改变的动画。

在为对象刚刚创建好补间动画时，由于还没有改变对象的任何属性，在视觉上对象还不会产生"动"的效果。现在假设希望对象从0s开始，从舞台的左侧边缘向右运动，并用60帧的时间，匀速运动到舞台的右侧边缘，那么则可以进行如下设置（如图4-6所示）：

1）检查对象类型：即查看对象是否为文本或元件，若不是，则可以将其转为元件。

2）设置时间长度：在第60帧处，按<F5>键插入帧，使画面能持续60帧时间。

3）创建补间动画：在第1～60帧间的任意帧上右击，单击"创建补间动画"命令。

4）设置初始位置：把播放头移到第1帧处，将舞台中的对象拖动到舞台的左侧边缘。

5）设置结束位置：把播放头移到第60帧处，将舞台中的对象拖动到舞台的右侧边缘。

这时，会在舞台中看到对象的运动路径，同时，第60帧处会自动出现一个属性关键帧，表明位移动画已创建完成，单击"播放"按钮即可预览。

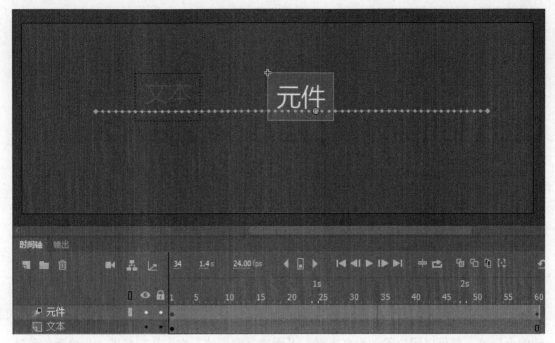

图4-6　位移动画设置方法

　　需要注意的是，以上步骤为创建位移动画的方法之一，等熟悉以后，还可以用其他方法来创建。

知识拓展

　　创建补间动画以后，帧会变成有颜色的帧，图层会变为"补间图层"，如果没有设置时间长度，则默认的持续时间为1s。

4. 缓动效果

　　缓动是补间动画的一种行进方式，它决定了对象怎样从一个关键帧到达下一个关键帧。从效果来看，也可以将其理解为加速或减速。

　　缓动可以分为"缓入"和"缓出"两种类型。缓入对应着加速的过程，而缓出则对应着减速的过程。缓动的取值范围为-100～100，其中的负号"-"表示缓入，正数值代表缓出，绝对值越大则效果越明显。

　　添加缓动的方法：将播放头置于补间范围，然后在"属性"面板展开"缓动"选项，根据需求设置缓动值即可，如图4-7所示。

　　添加缓动会影响整段补间动画，因此，如果希望缓动只影响补间动画的一部分，就需要拆分补间动画。

知识拓展

　　运动路径中节点的疏密程度其实就代表着对象的运动速度，节点越紧密则说明对象运动得越慢，节点越稀疏则说明对象运动得越快。

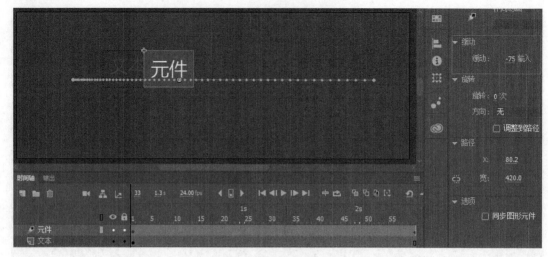

图4-7　缓动效果的设置

5.　实例解析

让一个对象的位置发生变化，在动画中很常见，例如，开动的汽车、行走的人物、飘动的小船等，都可以用位移动画来表现。下面通过实例"车来车往"来进一步熟悉位移动画的创建（如图4-8所示）。经过分析可以得知，在该实例中有3个对象在发生变化，分别为背景的匀速上移、黄色汽车的匀速左移和绿色汽车的非匀速右移，这里的非匀速就可以通过缓动来实现。

图4-8　实例"车来车往"

实例"车来车往"的主要实现过程如下：

1）创建背景的位移动画：导入背景图片到舞台；为其创建补间动画，并在一开始将其移至舞台的偏下位置，在1s处将其移至舞台偏上位置。

2）创建黄色汽车的匀速左移动画：延长画面到150帧处；在第30帧插入关键帧并导入黄色汽车图片，然后将其移动到舞台右外侧；为其创建补间动画，再在第150帧处将其水平拖动到舞台的左外侧。

3）创建绿色汽车的变速右移动画：在第60帧插入关键帧并导入绿色汽车图片，然后将其移动到舞台左外侧；为其创建补间动画，再在第120帧处将其水平拖动到舞台的右外侧；在第85帧处拆分动画，为前一段动画设置缓出效果，为后一段动画设置缓入效果。

 知识拓展

　　配合<Shift>键移动对象，可以使对象保持45°的整数倍角度进行移动。

4.4　透明度动画

1. 创建方法

　　透明度是指对象的可见程度，它可以改变上下层间对象的显示效果。透明度值的具体设置，可以通过"属性"面板的"色彩效果"选项中的"Alpha"属性进行设置（如图4-9所示），值为0表示完全透明，值为100则表示完全不透明。

链4-4　透明度动画

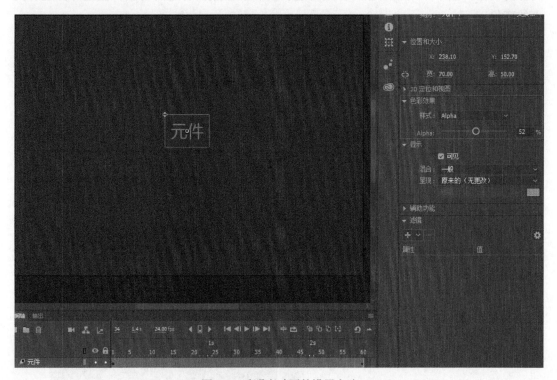

图4-9　透明度动画的设置方法

与位移动画类似，透明度动画的创建也需要有检查对象类型（要求为元件）、设置时间长度、创建补间动画等基本过程。所不同的是，透明度动画还需要设置以下两项：

1）初始时的透明度值：在时间轴中，将播放头移动到透明度需要发生变化的初始时间点，选中该对象，并为其设置透明度的初始值。

2）结束时的透明度值：将播放头移动到透明度发生变化的结束时间点，选中该对象，调整其透明度值。

这样，在已经为对象创建了补间动画的前提下，通过在两个不同的时间点，设置对象不同的透明度值，就可以为该对象创建均匀变化的透明度动画。

知识拓展

每一个补间图层中只能有一个补间动画，所以有多个补间时就需要创建在不同的图层。在一个补间动画中，对象的属性变化可以有多种。文本本身可以直接创建补间动画，但并不具备所有的元件属性，所以有时还需要将它们转换为元件。

2. 实例解析

在透明度动画实例"空中城堡"（如图4-10所示）中，从时间上可以将其分成倒计时和云层散开两个部分，且在倒计时的时候，背景部分要先准备好。最先的倒计时，就是透明度动画，数字从最先的完全可见逐渐变为不可见，紧接着出现下一个数字，重复同样的动作。接下来的云层散开，则是透明度和位移兼而有之的动画，甚至部分还有大小的变化。

图4-10 实例"空中城堡"

实例"空中城堡"的主要实现过程如下：

1）布局背景画面：用"矩形工具"创建一个模拟蓝天的背景；导入云层、城堡等素材，并分散放置到各个图层；将蓝天置于最底层、城堡置于云层的中间层；调整各对象的位置和大小，使云层能遮住城堡。

2）创建倒计时动画：创建用于倒计时的数字文本，设置好字体、字号、颜色等属性，再将其转为"影片剪辑"元件；为元件创建补间动画，时间长度为1s；为其设置不透明度值的变化，初始时的透明值为100，1s之后的不透明度值为0；用复制、修改的方法创建其他数字动画，并将它们按倒序排列好。

3）创建云层散开动画：延长时间到第155帧处，为所有云层创建补间动画，并在第73帧处为所有云层拆分动画；为各云层设置初始位置、初始透明度值、初始大小和结束时的位置、结束时的透明度值、结束时的大小，并适当调整运动路径的形状，以使最终云层能从各个方向散开，从而显示出原先被隐藏的城堡。

知识拓展

运动路径是一个可编辑的对象，可通过选择工具、部分选取工具、任意变形工具，甚至是钢笔工具对其进行调整，如移动、缩放、旋转、弯曲变形等。

按住<Alt>键并拖动补间范围，可以复制该补间范围。

4.5 旋转与缩放

1. 创建运动对象

在创建运动对象时，如果运动对象是一个比较复杂的图形，就需要先分析它的构成特征，然后尽可能将其拆解成一些简单的基本图形，这些基本图形要能直接绘制，或经过一些可实现的方法处理后获得。如图4-11所示的齿轮，它的中间是一个圆形，周边分布着辐射状的轮齿，所以可以将其拆解为一个圆和一个按圆形均匀分布的条状组合成的

链4-5 旋转与缩放

图形。其中，圆可以直接绘制，条状组合则可以进一步细分为一个个条状，这样也能直接绘制了，只是绘制好了以后，要先对其旋转并复制，然后再对条状组合的端点统一做圆形的切除处理，最终即可完成该运动对象的创建。

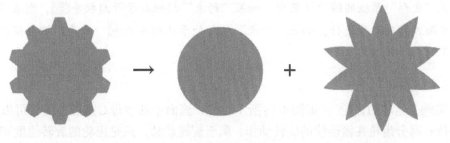

图4-11 "齿轮"结构分解

知识拓展

在"变形"面板中，有个"重置选区并变形"按钮，可以在指定旋转角度后，用来旋转并复制指定的图形。

2. 动画的创建方法

旋转可以让一个对象围绕某一轴心转动。缩放能够改变对象的大小，表现视觉上的远近。

如果要为一个对象创建旋转动画，在创建补间动画之后，在时间轴中，将播放头移动到需要开始旋转的时间点，选中该对象，打开"变形"面板，在"旋转"选项中设置对象的初始角度（如图4-12a所示）；再将播放头移动到需要结束旋转的时间点，选中该对象，在"变形"面板的"旋转"选项中设置对象结束时的角度。

如果要为一个对象创建缩放动画，同样是在创建补间动画之后，在时间轴中，将播放头移动到需要开始缩放的时间点，选中该对象，打开"变形"面板，将最上方的缩放比例设置为需要的值（如图4-12b所示）；再将播放头移动到需要结束缩放的时间点，选中该对象，在"变形"面板中重新设置缩放比例。

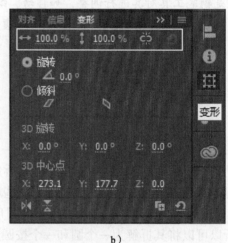

a）　　　　　　　　　　　　　　b）

图4-12 "变形"面板中的旋转与缩放

知识拓展

在"变形"面板的缩放设置中，如果"约束"按钮处于开启状态，则表示缩放高度与缩放宽度同步进行；如果"约束"按钮处于关闭状态，则表示缩放高度与缩放宽度可以分别独立设置。

3. 实例解析

在实例"运动的齿轮"（如图4-13所示）中，画面中的字母C是静止的，可以当作背景来对待；部分齿轮在做连续的旋转动作，属于旋转动画，只是齿轮的旋转速度和方向并不完全相同；有一个齿轮在做间歇性的缩放动作，属于缩放动画；气泡也是间歇性地冒出并逐渐渐变消失，属于综合了位移、透明度和缩放等多重属性的动画。

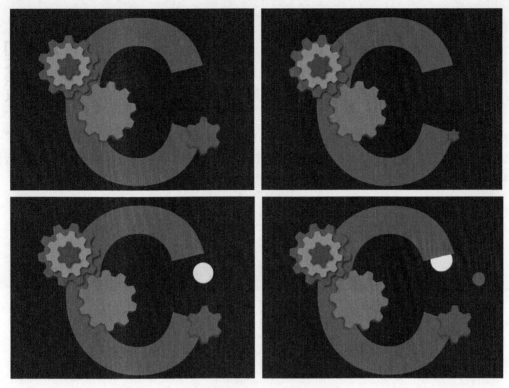

图4-13 实例"运动的齿轮"

实例"运动的齿轮"的主要实现过程如下：

1）创建齿轮元件：新建"影片剪辑"元件，在其中绘制一个圆形，再用"线条工具"绘制一个棱形的线条，然后将其按需求进行旋转并复制，最后用不同色的圆环切除所有棱形的两端。

2）在舞台布局齿轮：将齿轮拖放到不同的图层，并调整好位置、大小、颜色、滤镜等属性。

3）创建齿轮的运动动画：总时长设为120帧，为所有齿轮创建补间动画，再打开"变形"面板，为一部分齿轮按需求在时间末端设置旋转方向和角度，另一部分齿轮则在不同的时间节点调节其缩放比例，以形成间歇性的缩放效果。

4）创建气泡及其运动：新建"影片剪辑"元件，在其中画一个小的圆形；在场景中新建图层，再将这个元件拖入到舞台，调整好其位置、大小，并为其设置位移、缩放、透明度等属性的变化动画；再利用复制补间范围的方法创建多个气泡的运动。

知识拓展

除了在绘图之前，通过选择"绘制模式"来确定绘制对象还是绘制形状，还可以在"属性"面板的"填充和笔触"区域，通过"扩展以填充""创建对象"和"分离"3个按钮来进行转换。

4.6 路径引导动画

1. 路径引导

在日常生活中,火车会沿着铁轨行驶,水会顺着河道流淌,汽车会沿着马路穿梭……其中的铁轨、河道、马路其实都起着路径引导的作用。路径引导就是指引导对象按指定的轨迹运动。

链4-6 路径引导动画

在动画中,路径引导通过在不同的时间点,将对象放到路径的起始点和终止点来实现。在补间动画中,如果已经为对象创建了位移动画,那么就会有一条"运动路径",它就起着路径引导的作用,如图4-14所示。如果运动路径的形状不符合需求,可以对其进行调整或替换。

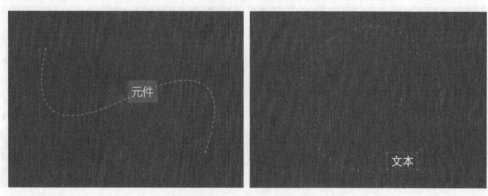

图4-14 补间动画的运动路径

在补间动画中,还可以使对象跟着路径改变方向,就如同火车会随着铁轨的方向改变自身的方向一样。具体操作方法:单击"补间范围"中的任意帧,在"属性"面板的"旋转"选项中选中"调整到路径"复选框,如图4-15所示。这样,随着时间的推进,运动对象的方向就会与运动路径一直保持相同的夹角。

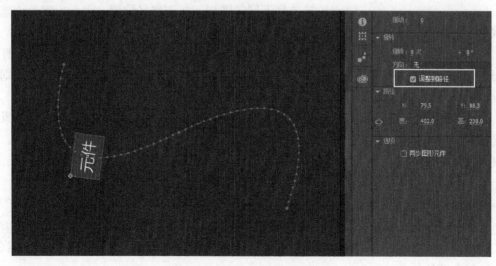

图4-15 "调整到路径"复选框

2. 传统补间动画

传统补间动画也是一种补间动画，是在早期版本中使用的补间，在 Animate 中予以保留主要是为了过渡。传统补间动画的创建过程稍微复杂一些，但它能够提供一些特殊的功能，如调整到路径、沿着路径着色、沿着路径缩放等，如图4-16所示。

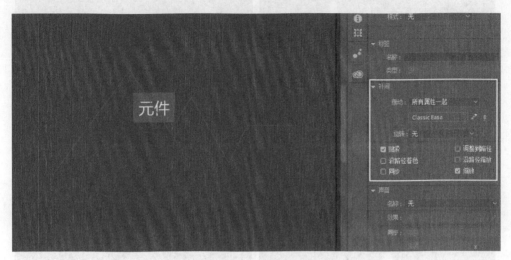

图4-16 传统补间动画的特殊功能

创建传统补间动画需要有两个关键帧，并在两个关键帧的舞台中放置元件。当创建好之后，帧的颜色会变成淡紫色，同时在两个关键帧之间会出现一个黑色箭头。如果要修改传统补间动画，则需要在两头的关键帧中进行。

创建传统补间动画的主要过程如下：

1）设置两头关键帧的内容：在起始帧设置好元件及其属性，在结束帧设置好元件及其属性。

2）创建传统补间动画：在起始帧的元件上右击，或者在两个关键帧之间的任意帧上右击，在弹出的快捷菜单中单击"创建传统补间"命令，当两个关键帧之间出现黑色的实线箭头，就说明创建好了。

如果需要路径引导，则可以继续以下步骤：

1）创建路径引导层：新建图层，在图层上右击，在弹出的快捷菜单中单击"引导层"命令；再将传统补间图层向右侧拖动，使其向右缩进，成为被引导层；切换到引导层，在舞台绘制需要的引导路径。

2）将目标对象移动到路径的两端：将播放头移动到起始关键帧，将目标对象移动到引导路径的起始端（主要观察其变换点的位置）；再将播放头移动到结束关键帧，将目标对象移动到引导路径的结束端。

3. 实例解析

一般情况下，可以借助补间动画的运动路径，来引导对象按指定的轨迹运动，如果希望对象能随路径有大小、颜色等的变化，则可以通过创建传统补间动画来实现。下面通过实例"变幻的虫虫"（如图4-17所示）来进一步熟悉这两种路径引导动画的实现方法。在该实例中有3个对象沿着指定轨迹在运动，其中有的伴有大小变化、有的是颜色在变化、有的是角度顺着轨迹在变化。

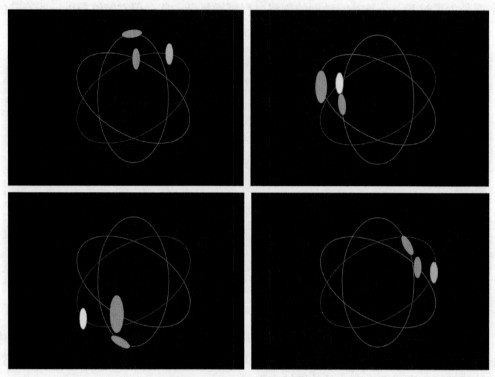

图4-17　实例"变幻的虫虫"

实例"变幻的虫虫"的主要实现过程如下：

1）创建小虫及其运动：新建"影片剪辑"元件，在其中绘制小虫；将创建好的小虫元件拖到场景的舞台中，创建一个任意的位移动画，能产生运动路径即可。

2）创建运动轨迹线条：绘制一个椭圆作为运动轨迹线，然后复制两个，放在相同的位置，再将它们按每隔60°方向旋转排列。

3）替换运动轨迹：复制小虫所在图层，共2次；复制运动轨迹所在图层，共1次；用"橡皮擦工具"将其中一个运动轨迹图层中的3个椭圆各擦出一个小的缺口，注意位置要错开，不要集中在一起；然后用带有缺口的3个椭圆分别去替换3个小虫的运动路径；将3个新的运动路径中的其中任意2个，分别旋转60°和-60°；再将3个小虫的运动路径，参照运动轨迹所在图层的3个椭圆来排列。

4）调整运动对象的角度：为使小虫能随着运动路径方向的改变而改变，在任意一个补间范围中单击，再在"属性"面板的"旋转"选项中选中"调整到路径"复选框，回到该层的第1帧，调整小虫方向到想要的角度。

5）改用传统补间动画：在各个小虫图层的上方分别创建新的图层，并将每个新创建的图层都设置为"引导层"；再将3个小虫的运动轨迹线剪切并原位粘贴到对应的引导图层；删除各小虫图层中的"补间动画"；在第1帧，将各小虫移到各自引导路径的一端；在最后1帧，按<F6>键复制该小虫，并将各小虫移到各自引导路径的另一端；在各个小虫图层右击，单击"创建传统补间"命令，再将各个小虫图层往各自的引导层内侧移动。

6）启用传统补间动画的特殊功能：选中其中任意一个小虫的补间范围中的帧，在"属性"面板的"补间"选项中选中"调整到路径"复选框，并在第1帧，将小虫调整到想要的角度；从另外两个引导路径中任意选中一个，在"属性"面板中设其宽度为"宽度配置文件1"，笔触调大一些，并为该补间选中"沿路径缩放"复选框；选中剩下的引导路径，将其笔触颜色设置成"彩色"的，再为该补间选中"沿路径着色"复选框；最后，将各个运动轨迹线改成鲜艳的色彩。

知识拓展

使用组合键<Ctrl+Shift+V>，可以进行原位粘贴。

在替换运动路径时，需要选中的是目标对象的运动路径，而不是目标对象本身；替换时参照路径起始点位置进行，不考虑旋转。

当运动路径中带有多个岔口时，计算机会依据一定的原则自动进行选择。

传统补间也支持闭合路径。

删除补间动画的方法：在补间范围的任意帧上右击，在弹出的快捷菜单中单击"删除动作"命令。

4.7 嵌套动画

1. 动画嵌套

前面学习过元件嵌套，也就是在一个元件当中包含有另一个元件的实例。动画嵌套的含义也类似，就是在一个动画中嵌入了另一个动画，形成一个更复杂的动画。

链4-7 嵌套动画

在现实的世界里，一辆汽车，轮子的转动驱使其往前行驶；一只蝴蝶，扇动翅膀可以往前飞行……这是很自然的现象（如图4-18所示）。但是在动画的世界里，轮子转动时汽车并不会自动往前行驶，蝴蝶扇动翅膀时也不会自行往前飞行。

图4-18 汽车与蝴蝶

使用嵌套动画则可以解决类似以上的问题。其实，汽车的行驶、蝴蝶的飞行，都可以看作有两个动画在运行，即汽车在位移的同时其轮子也在循环转动，蝴蝶在位移的同时其翅膀也在重复扇动。它们的共同特点是，一个对象在变化的同时，其内部还有另外的动作在发生。

2. 实例解析

嵌套动画能够实现一些复杂的动作，可以用来模拟现实世界里事物的运动。实例"巡逻队"（如图4-19所示）就是这样一种模拟，其画面构成为一幅背景图和一群人，其中的人由舞台的一侧走向了另一侧，需要注意的是，人不是简单地移动，而是通过迈动双腿在前进，即人在移动的同时，其双腿等也在运动，并且这些运动的动作是不断重复的，因此可以将其拆解为两个部分，即双腿的摆动动作和人物的移动动作，进而使用嵌套动画将其实现。

图4-19　实例"巡逻队"

实例"巡逻队"的主要实现过程如下：

1）创建元件：新建"影片剪辑"元件"士兵"，从外部导入"士兵.psd"文件到舞台；在"导入"对话框中，按住<Shift>键，选中所有图层，选中"具有可编辑图层样式的位图图像"复选框，再导入。

2）调整变换点：选用"任意变形工具"，将四肢的变换点分别调整到手臂的上端或腿部的上端。

3）设置行走动作：所有图层的时间长度设为20帧；为每个图层创建补间动画；在第1帧，设置人物的四肢摆放，左手向前，左腿向后，右手向后，右腿向前；在第10帧，将左右手和左右腿的方向对换；在第20帧，调整手和腿与第1帧时相同；再将人物的身体做些微调。

4）设置位移动画：返回场景，将"士兵"拖到新建图层，调整其大小、位置等；为"士兵"创建补间动画，时间长度为150帧；在第150帧，将士兵水平移到舞台的另一侧，以形成位移动画；至此，一个嵌套动画创建完成，进行播放测试。

5）复制士兵：通过复制图层的方式复制士兵，再重新调整士兵的位置、大小等，以形成透视的效果。

知识拓展

在播放由"影片剪辑"创建的嵌套动画时，不能直接单击"预览"按钮，而需要按<Ctrl>键和<Enter>键进行播放测试。

嵌套动画也可以使用图形元件，这时可以直接单击"预览"按钮来观看，但要注意，主场景中的时间长度要与图形元件的时间长度一致或更长，以便能完整播放图形元件的动画。

当将一个图层通过插入普通帧延长时间后，已经存在的其他图层不会自动延长时间，需要手动进行延长，以免出现画面突然消失的结果。

本 章 小 结

本章主要介绍了动画的基本原则、动画的分类及动画的相关术语、补间动画的创建方法、补间动画的对象要求、缓动效果、位移动画、透明度动画、旋转与缩放动画、路径引导动画，以及嵌套动画等内容。补间动画是Animate动画的基本类型，它能让对象的位置、大小、颜色、角度、可见性等属性随时间发生改变，也可以设置引导路径让对象沿着规定轨迹运动，或使用嵌套创建更复杂的动画。若要熟练地创建和应用补间动画，则需要通过大量实践与分析来不断积累经验。

练 习 与 思 考

⤷ 单选题

1. fps表示的是（　　　）。

A. 关键帧　　　　　B. 属性关键帧　　　　C. 帧频　　　　　D. 补间范围

2. 由计算机进行插值计算完成的工作是（　　　）。

A. 时间轴　　　　　B. 帧　　　　　　　　C. 补间　　　　　D. 运动路径

3. 运动路径中的节点越密，说明目标对象的运动速度（　　　）。

A. 越快　　　　　　B. 越慢　　　　　　　C. 越接近匀速　　D. 与节点无关

4. 希望给舞台中的对象添加阴影效果，则应选择（　　　）滤镜。

A. 阴影　　　　　　B. 投影　　　　　　　C. 发光　　　　　D. 模糊

5. 删除补间动画的方法是，在补间范围上右击，在弹出的快捷菜单中单击（　　）命令。

A. 删除补间　　　　B. 删除动作　　　　C. 调整补间　　　　D. 删除帧

↘思考题

1. 如何理解"一个图层只能有一个补间动画"的含义？如果在一个含有多个元件实例的图层中创建补间动画，结果会发生什么？

2. 在嵌套动画里往往有多种动作在发生，那么它与多个属性同时发生变化的动画有什么区别？

第 5 章

动画编辑器

学习目标

- 了解动画编辑器的功能；
- 熟悉编辑器的基本用法；
- 了解预设动画的基本用法；
- 理解编辑器的坐标系；
- 理解锚点与控制点的作用；
- 掌握锚点和控制点的关系；
- 学会编辑属性曲线的方法；
- 熟悉缓动类型；
- 学会缓动效果的添加方法。

5.1 动画编辑器简介

1. 初识编辑器

通过前一章的学习可以发现，补间动画其实是在不同的时间点，通过改变对象的属性值来产生的。虽然用属性关键帧能够表征对象的属性值变化，但是却不易直接观察对象的变化特征。动画编辑器能以线条形式呈现对象属性值随时间的变化，这为查看对象的变化规律提供了方便。如图 5-1 所示，由左边的列表可清晰地了解到，对象的大小、透明度

链 5-1　编辑器简介

（Alpha）、模糊等属性有发生变化；由右边的线条又可以直观地看到，对象的每一种属性都在做线性的变化。如果是直线，则说明对象的属性值的改变是均等的；如果是折线，则说明属性值的改变速率在转折点处有跳变，但在两相邻的转折点内其速率仍然保持不变，即仍为线性变化。

2. 编辑器的打开方法

在 Animate 中，动画编辑器被集成到时间轴，当创建了补间动画以后，就可以使用编辑器了。

动画编辑器的打开方法有以下两种：

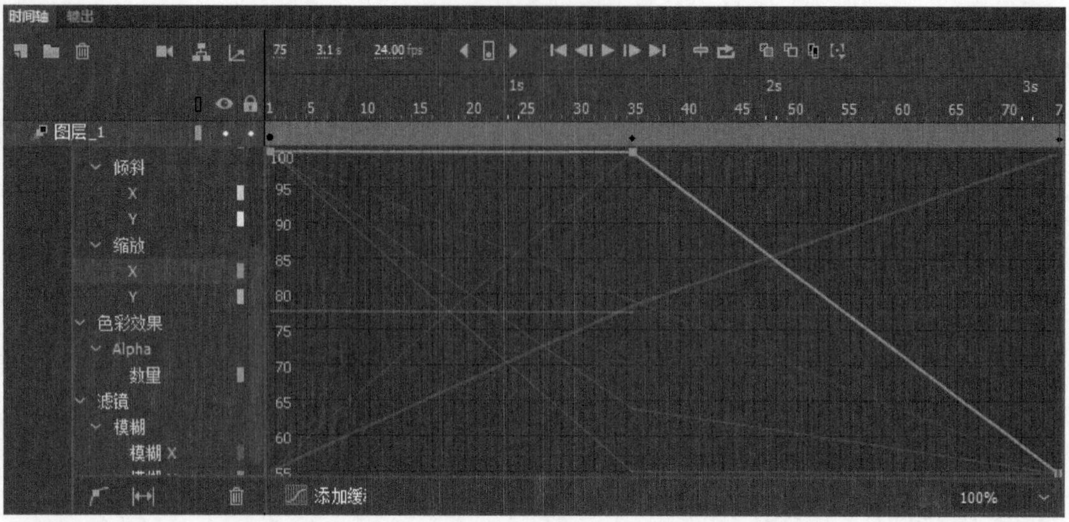

图 5-1 动画编辑器

1）双击方式：在补间范围中的任意帧上双击，即可打开与该补间范围相应的动画编辑器。

2）右键方式：在补间范围中的任意帧上右击，在弹出的快捷菜单中单击"调整补间"命令，也能打开相应的动画编辑器。

知识拓展

在动画编辑器打开的情况下，再次双击相应的补间范围，或在相应补间范围上右击，单击"调整补间"命令，取消选中状态，就可以关闭动画编辑器。

3. 编辑器的基本界面

打开动画编辑器以后，它会显示在相应补间范围的下方，如图 5-2 所示。在动画编辑器的左侧，图 5-2 中的①列有参与补间的各个属性名称及其线条颜色标记，并且已经按照类别分组显示；在其右侧，则是用直观的曲线展现出的各种属性值的变化，这些曲线也被称作"属性曲线"。右侧的网格区域，实际上是一个坐标系，向右的横轴代表时间，向上的纵轴代表属性值。

最下方是一些功能按钮（见图 5-2）：②是"添加锚点"按钮，打开它以后，可以往属性曲线中增添锚点；③是"适应视图大小"按钮，它能横向伸缩属性曲线的显示比例，并以适合视图宽度的比例显示内容；④是"删除属性"按钮，单击它可以删除选中的属性或属性组，使其不再参与补间活动；⑤是"添加缓动"按钮，利用它可以为属性曲线增添缓动效果；⑥是"垂直缩放切换"按钮，利用它能调节属性曲线的纵向显示比例。

4. 动画预设

动画预设是指系统预先配置的补间动画，可以将其应用到舞台中的对象。动画预设是设置基础动画的快捷方法，使用它可以节约项目的设计与开发时间。

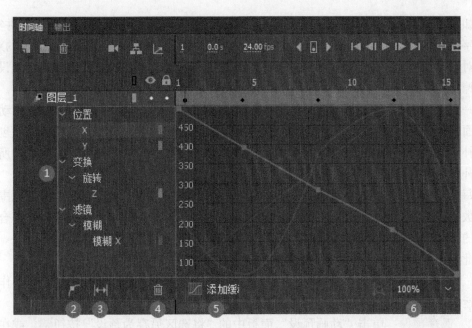

图 5-2　动画编辑器界面

为了能够了解动画预设应用于舞台对象时的效果，可以先预览一下动画预设。具体操作方法：单击"窗口"菜单中的"动画预设"命令，打开"动画预设"面板，如图5-3所示；双击面板下方的"默认预设"文件夹，可以将其展开，其中列有由系统默认提供的动画预设效果；单击效果名称，就可以在面板上方预览动画效果。

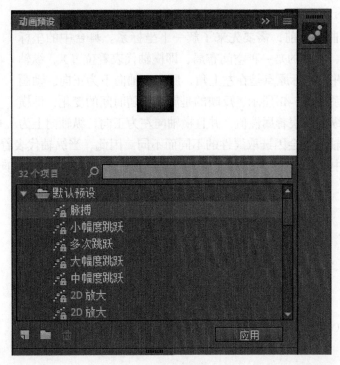

图 5-3　"动画预设"面板

如果要将动画预设效果应用于对象，可以在舞台上选中可补间的对象（如元件实例、文本字段等），再单击面板右下方的"应用"按钮，即可将其应用于舞台中选定的对象。每个对象只能应用一个预设，如果将第二个预设应用于相同的对象，那么第二个预设将会替换掉第一个预设。

一旦将动画预设应用于舞台中的对象后，在时间轴中创建的补间就不再与"动画预设"面板有关了。在"动画预设"面板中删除或重命名某个预设对以前使用该预设创建的所有补间没有任何影响。如果将新的预设保存为现有预设，它对使用原预设创建的所有之前的补间也没有任何影响。

每个动画预设都包含特定数量的帧，在应用预设时，在时间轴中创建的补间范围将包含此数量的帧。如果目标对象应用了不同长度的补间，补间范围将进行调整，以符合动画预设的长度。在应用预设后，仍然可以在时间轴中调整补间范围的长度。

此外，还可以将编辑好的补间动作自定义成动画预设，方法如下：

1）选取补间动作：选中时间轴中的补间范围，或选中舞台中已定义有补间动作的对象或运动路径。

2）保存预设：单击"动画预设"面板中的"将选区另存为预设"按钮，或在选定内容的上下文菜单中单击"另存为动画预设"命令。新动画预设将显示在"动画预设"面板的"自定义预设"文件夹中。

5.2 编辑属性曲线

1. 编辑器的坐标系

在编辑属性曲线之前，需要先来了解一下坐标系。舞台中的坐标系如图 5-4a 所示，反映的是一种空间布局，即横轴代表着位置X，纵轴代表着位置Y，并且坐标原点是在左上角，所以Y轴向下为正向。动画编辑器中的坐标系如图 5-4b 所示，反映的是属性值随时间的变化，即横轴代表着时间，纵轴代表着属性值，并且横轴向左为正向，纵轴向上为正向，同时，纵轴的值会因选取属性的不同而不同。因此，当纵轴代表着位置Y时，视觉上就会出现舞台中的对象在向下运动，而动画编辑器中的Y属性曲线却是向上的现象。

链 5-2　编辑属性曲线

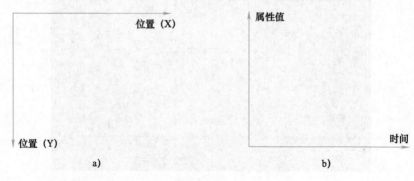

图 5-4　舞台坐标系与动画编辑器坐标系对比

2. 锚点与控制点

动画编辑器使用"属性曲线"来表示补间的属性值变化，每个属性有其自己的属性曲线。可以通过添加属性关键帧或锚点来操作属性曲线，从而实现对属性曲线关键部分的更改与调整。

锚点在属性曲线中表现为一个小方形，如图5-5a中的圆圈所示，它能对属性曲线的关键部分进行明确修改，从而达到对属性曲线的更好控制。控制点与锚点相关联，并依附于锚点而存在，如图5-5b所示。拖动锚点两端的控制点，能调整与之对应锚点附近的曲线形状，从而达到对属性曲线进行更精确控制的目的。

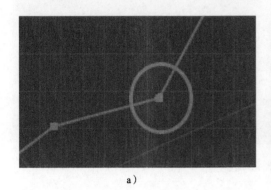
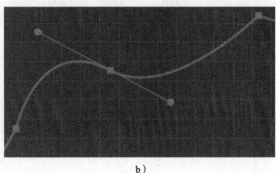

a)   b)

图5-5 锚点与控制点

在动画编辑器中，能通过添加属性关键帧或锚点来精确控制大多数曲线的形状。锚点及控制点的常见操作如下：

1）添加锚点：可以通过单击"添加锚点"按钮，或直接在属性曲线上双击来添加锚点。为属性曲线添加锚点以后，在补间范围的相应位置，通常会自动出现与该锚点相应的属性关键帧。

2）移动锚点：可以直接用鼠标拖动锚点，如果希望其保持直线移动，可以在拖动的同时按住<Shift>键。

3）使用控制点：添加锚点以后，如果没有出现相应的控制点，则可以先按住<Alt>键并单击锚点，当指针边上出现一个小方框后，再拖动锚点，即可出现控制点。

4）删除锚点：如果要删除锚点，可以先按住<Ctrl>键，再将指针移向锚点，当指针边上出现减号"–"时，单击该锚点即可将其删除，同时，与之相应的属性关键帧也会被一起删掉。

3. 实例解析

在动画编辑器中，属性曲线能够表征对象属性值随时间的变化，不同的曲线形状，意味着不同的变化过程。因此，可以通过编辑属性曲线来调整补间动画，从而实现对补间对象进行精确的控制。

在图5-6所示的实例"跳跃的小球"中，一共有4个小球在运动，其中有3个不同色的小球在做类似于抛物的运动，第4个小球在做水平变速运动，并且是在其他小球升起之后迅速横向通过。

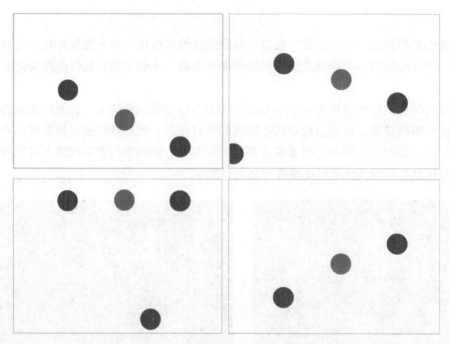

图5-6 实例"跳跃的小球"

实例"跳跃的小球"的主要实现过程如下：

1）创建小球元件：小球元件可以直接由椭圆工具绘制。

2）创建小球的上下运动：这一步的关键是要为小球的Y属性创建一个开口向上的抛物线形属性曲线，如图5-7所示。这样，小球就会分别有一个减速上升和加速下降的过程。

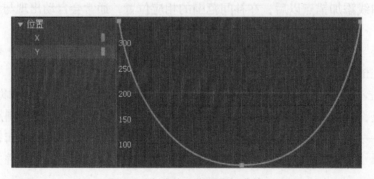

图5-7 小球的Y位置属性曲线

3）复制实现其他小球的上下运动：对于3个上下运动的小球，它们的运动规律是一样的，只是时间上有先后，所以，它们的位置属性曲线也是一样的，可以通过复制属性曲线来实现。

4）创建水平运动的小球：第4个小球是在其他3个小球稍有上升之后、即将下降到底部之前，以较快的速度横向穿过，所以，它的位置属性曲线接近于S形，如图5-8所示，即先稍有一个回退动作，然后以较快的速度横向通过，最后以减速方式停止在舞台的右侧。

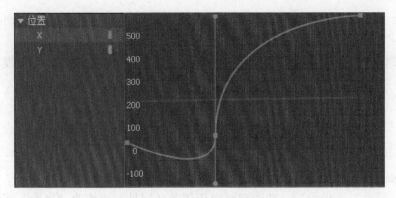

图5-8 小球的X位置属性曲线

知识拓展

从属性曲线的形状，可以判断对象的变化情况：如果属性曲线是直线，则说明属性值是线性变化（即匀速变化），且线越陡峭，属性值变化得越快；如果属性曲线是曲线，则说明属性值的变化是非线性的（即非匀速），且其加速度与曲线斜率有关。如果斜率的绝对值在升高，则说明属性值的变化在加速；如果斜率的绝对值在降低，则说明属性值的变化在减速。

5.3 添加缓动效果

1. 缓动类型

缓动在模拟真实的行为时会经常使用，因为在现实世界中，对象的变化通常都会有个缓冲的过程。Animate动画编辑器提供了多种类型的缓动（如图5-9所示），包括无缓动、简单、停止和启动、回弹和弹簧、其他缓动和自定义6种类型。

链5-3 添加缓动效果

图5-9 动画编辑器提供的缓动类型

1）无缓动：使用它可以删除已添加的缓动效果。

2）简单：包括慢速、中、快速和最快4个子类，它们会影响补间动画中开始或结束的一侧。

3）停止和启动：包括的子类与简单的子类相同，但是，它们会影响到补间动画的两侧。

4）回弹和弹簧：包括回弹、BounceIn和弹簧3个子类，它们可以用来模拟弹跳或弹簧动作。

5）其他缓动：包含有正弦波、阻尼波等复杂动作。

6）自定义：可以保存自行设计的缓动曲线，以方便后续的添加应用。

2. 添加缓动

在Animate中，要为补间的属性添加缓动，有以下两种方法：

1）在"属性"面板设置：选取需要应用缓动的属性，再修改"属性"面板中的"缓动"选项来实现缓动效果。它能为每个补间动画指定一个简单的缓动动作，是一种简易的缓动设置方法。

2）在"动画编辑器"中设置：选取需要应用缓动的属性，再单击动画编辑器下方的"添加缓动"按钮来添加。它能为一个或多个属性添加缓动效果。

当单击"添加缓动"按钮后，会出现"添加缓动"小窗口（如图5-10所示），在其左侧列有各种缓动类型及其子类，右侧则显示出与选中子类相应的缓动曲线，在最下方显示有一个数字，它代表着缓动强度，修改缓动强度值，可以改变缓动的视觉强度效果。

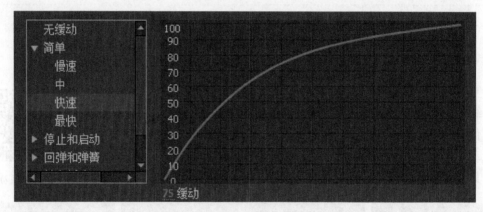

图5-10　"添加缓动"小窗口

设置好缓动效果以后，单击"添加缓动"小窗口之外的任意位置，可以关闭"添加缓动"小窗口，同时，"添加缓动"按钮处会显示刚刚选择的缓动名称，如图5-11所示。同时，为属性曲线添加缓动效果后，在该属性曲线的边上会出现一条视觉叠加的虚线——合成曲线，它代表着补间对象在舞台中的最终动画效果。

3. 实例解析

这里使用一个实例"五彩形状切变"来说明缓动效果的添加。如图5-12所示，同一时刻，画面中只有两个对象，一个是处在偏下位置的线条，另一个是线条上方的形状。下方的线条一直在做规律性的水平缩放动作，在其上方的形状则上下弹跳，并随着时间做有规律的形状切换，这些形状包括三角形、正方形和五边形，各形状在落下的前期还有个旋转动作。

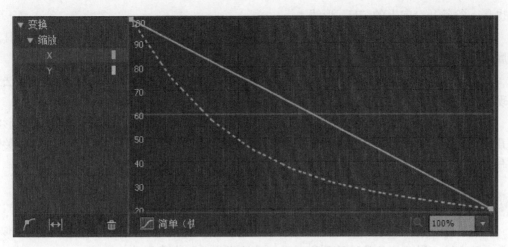

图5-11 设有缓动效果的动画编辑器

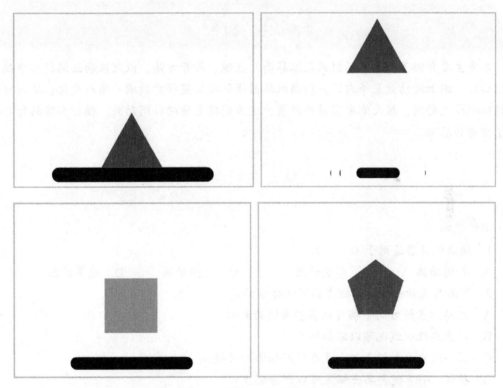

图5-12 实例"五彩形状切变"

实例"五彩形状切变"的主要实现过程如下：

1）准备：创建各种形状，包括线条、三角形、正方形和五边形。

2）实现线条的水平缩放运动：期望的是线条在收缩时减速、在伸展时加速，所以其最终的合成曲线应该是一个开口向上的"U"形，并通过增加缓动强度的绝对值来增强视觉效果。

3）实现形状的升降动作：这些形状的运动变化类似于弹跳动作，所以它们的合成曲线也是一条条开口向上的"U"形线。

4）实现形状的旋转动作：由于旋转是当形状运动到顶端时发生的，所以应该将其旋转属性关键帧设置在合成曲线的最底端附近。

5）复制实现其他形状效果：各形状的运动动作是一样的，所以可以用复制的方法来实现，并利用交换元件将现有元件替换成新的元件。

6）整体调整：这也是一个关键的环节，首先是要将每个形状的变换点调整到各形状的几何中心，这样可以保持各形状旋转前后的位置和角度一致，然后调整各形状在各关键帧与线条的相对位置，并调整各形状的运动路径位置，使其位于同一条垂直线上。

知识拓展

直接编辑属性曲线是对属性曲线的永久性更改。而为属性曲线添加缓动，则类似于应用滤镜，影响的是属性的最终变化，属性曲线并不会受影响。

本 章 小 结

本章主要介绍了动画编辑器的基本界面、功能、打开方法，以及在动画编辑器中编辑属性曲线、添加缓动效果等内容。动画编辑器能让控制变得更精确、高粒度化，从而可以更精细地设置补间，极大地丰富动画效果，这为创建复杂的补间动画、模拟真实的行为提供了重要的基础。

练习与思考

↘ 判断题

1. 动画编辑器适用于（　　　）。

A. 补间动画　　　　B. 形变动画　　　　C. 逐帧动画　　　　D. 遮罩动画

2. 下面有关动画编辑器锚点的描述错误的是（　　　）。

A. 拖动锚点的方向手柄可以调整曲线的曲率

B. 双击属性曲线也可以添加锚点

C. 在曲线中添加锚点相当于在时间轴添加关键帧

D. 按住 <Alt> 键再单击锚点可以删除锚点

3. 下面有关属性曲线的描述正确的是（　　　）。

A. 属性曲线不能被复制或修改

B. 属性曲线形状的不同代表着属性变化也不同

C. 属性曲线越陡峭说明属性变化越慢

D. 属性曲线不可以是折线

4. 如果希望对象有类似于弹簧的弹跳效果，则应选择的缓动类型为（　　　）。

A. 简单　　　　B. 停止和启动　　　　C. 回弹和弹簧　　　　D. 自定义

5. 能影响补间动画两侧的缓动类型是（　　　）。

A. 简单　　　　　　B. 停止和启动　　　　C. 回弹和弹簧　　D. 其他缓动

↘ 思考题

1. 除位置属性外，其他属性（如颜色、旋转、大小等）是否也可以使用缓动效果？

2. 在保持运动距离不变的情况下，如果要通过改变运动时间来调整速度，应该移动锚点还是控制点？

3. 一条属性曲线能添加几种缓动？一个补间动画又能添加几种缓动？缓动和属性曲线之间存在着怎样的联系？

第 **6** 章

补间形状动画

学习目标

- 熟悉补间形状的含义；
- 理解补间形状原理与特征；
- 学会补间形状动画的创建方法；
- 熟悉画笔的创建和使用；
- 掌握缓动类型及其设置方法；
- 理解形状提示的功能；
- 掌握渐变填充的调整方法；
- 学会两种补间动画的混合使用。

6.1 补间形状基础

1. 补间形状的含义

经过前面章节的学习已知，补间动画能让对象的位置、大小、颜色、角度、可见性等属性随时间发生改变。如果再仔细分析一下就会发现，对象的这些属性变化都不会影响到其外形轮廓，比如一个方形，不管怎么变它还是个方形。假如想要表达一个方形受到挤压之后周边有凹陷变形的现象（如图 6-1 所示），就需要用到另外一种补间，即形状补间。

链 6-1　补间形状基础

图 6-1　方形的形变

在 Animate 中，"形状补间"就称作"补间形状"，主要用于对象外形发生改变的情况，如动物的呼吸、扭动身子，弹性物体受挤压的变形等。所以，利用补间形状，能使一个对象由一种形态平滑地过渡到另外一种形态，并且这种形态的转变，除了形状的改变外，还可以伴随有大小、位置、颜色等的变化，如图6-2所示。

图6-2　补间形状动画

2．创建要求与特征

补间形状动画的创建过程、方法与补间动画的非常相似，但也有些不同的地方（如图6-3所示），主要体现在：

1）目标对象：补间形状动画要求为离散的形状，如在"合并模式"下直接用绘图工具绘制的形状等，如果是组、实例、位图、文字等元素，则需要先将它们分离为形状，才能创建补间形状。

2）关键帧：补间形状主要表现的是形态的改变，因此需要将两种不同的形态，分别存放到两个不同的关键帧中，然后再创建补间形状；这两个形态，可以是同一个对象的，也可以是不同对象的。

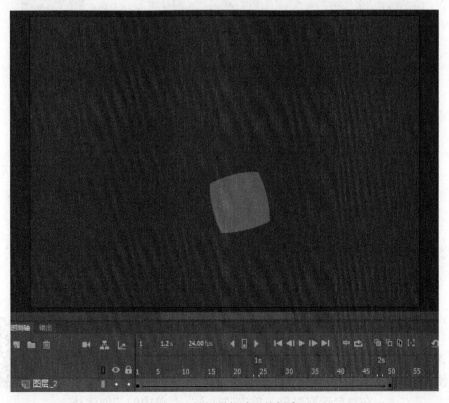

图6-3　补间形状动画的创建

3）时间轴的具体表现：当在时间轴中正确创建了补间形状动画，那么在两个关键帧之间的帧颜色会变为有颜色，并且还有一条带箭头的黑色实线段。

3．补间形状的原理

在具体创建补间形状动画时，只需要提供首尾两个关键帧的内容，然后在首尾关键帧之间再创建补间形状动画，中间的帧，计算机就会自动计算并进行插补，因此，与补间动画一样，补间形状动画的实现原理依然是"插值"。

如果在创建补间形状动画时，原本应该是黑色实线的箭头变成了虚线（如图6-4所示），则说明计算机在这两个关键帧之间无法进行自动计算和插值，也就无法自动创建补间。这时，需要检查两个关键帧中的内容是否有缺失，或是否都符合目标对象要求，或是否过于复杂，以致计算机无法正常计算等。

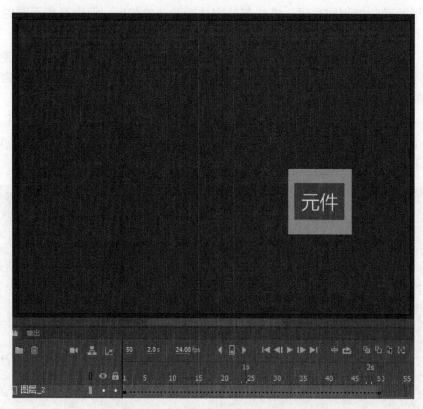

图6-4　补间形状中错误的目标对象

6.2　简单补间形状

1．创建补间形状动画

在Animate中，补间形状动画的创建与补间动画相似，也分为两种，即使用菜单或用右键快捷菜单。

1）菜单方式：在舞台选取对象，单击"插入"菜单中的"创建补

链6-2　简单补间形状

间形状"命令,如图6-5a所示。

2)右键方式:又可以细分为:①在舞台对象上右击,在弹出的快捷菜单中单击"创建补间形状"命令,如图6-5b所示;②在时间轴有对象的帧上右击,在弹出的快捷菜单中单击"创建补间形状"命令,如图6-5c所示。同样,要求所选对象要符合创建要求。

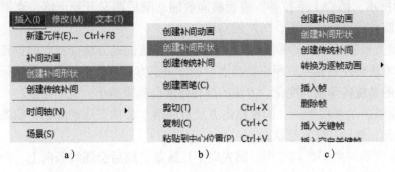

图6-5　补间形状动画的创建方式

在创建补间形状动画之前,建议先设置好两头的两个关键帧,然后再进行创建。如果只有1个帧,并且该帧是位于第1帧的关键帧,创建时系统通常会自动将时间设为1s,并在1s的位置自动插入另一个关键帧,帧中的内容会直接复制前一个关键帧的内容。

2. 实例解析

补间形状最大的特点在于,能表现对象外形轮廓的变化,如一个对象在受力时会发生形变,如果这个对象的材质足够柔软,这种形变就有可能被人眼察觉。下面通过实例"圆撞击方块"(如图6-6所示)来进一步熟悉补间形状动画的制作。画面中一共有3个对象:圆、方块和线条。圆在拉伸以后,开始撞击方块并发生形变,回落时又撞击线条,并由线条将其弹回原位;而方块被圆撞击以后,则产生左右摇晃效果。

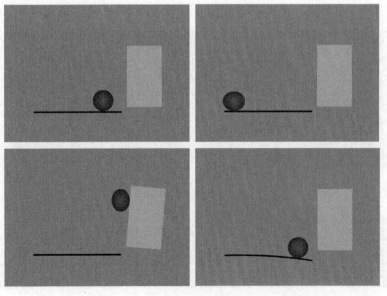

图6-6　实例"圆撞击方块"

实例"圆撞击方块"的主要实现过程如下：

1）准备素材：用适当的工具绘制所需的形状，包括圆、方块和线条，各形状颜色自选。

2）实现圆的位移及形变动画：首先是圆向左移动一定距离，在移动的同时圆会做纵向压缩，形成拉伸的架势，以积蓄能量；然后是圆开始向右上方撞击方块，由于受到重力和撞击时的挤压，圆会上下拉伸，进而横向收缩；随后圆又开始下落，直到到达线条上方；最后，圆在线条的作用下，向左回到原位。

3）设置方块被撞击后的摇晃动画：这里需要注意的是方块变换点的位置，由于被圆撞击之后，方块会左右摇晃，所以变换点会在方块下方的左右两个角点处来回切换；另一个需要注意的是旋转角度的变化，方块的旋转角度会越来越小，直到停止。

4）实现线条的弹跳动画：圆在撞击方块后回落，会往下压动线条，线条会因自身弹性而往上弹起，然后又恢复原状。

5）设置圆随线条变化的动作：圆先向下压线条，随后会随线条向上、向左运动，最后回到原位，恢复原状。

实践与思考

假如方块是一个比较柔软的物体，这时的动画应该怎么设置？

6.3 补间组合动画

1. 画笔

通过画笔，可以绘制一些特定形状的线条，如箭头、花纹、装饰图案等，如图6-7所示。Animate提供了默认的"画笔库"，除了"铅笔工具"，其他如钢笔、线条、椭圆等能绘制笔触的工具都可以使用"画笔库"。

链6-3 补间组合动画

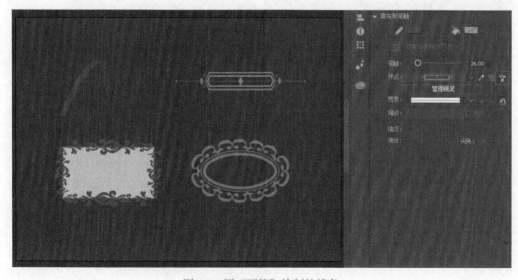

图6-7 用"画笔"绘制的线条

使用画笔库的具体方法：选取能绘制笔触的工具；在"属性"面板的"填充和笔触"选项中单击"画笔库"按钮；在打开的"画笔库"面板中（如图6-8所示），选取左侧的大类，再在中间选取小类，在最右侧找到喜欢的画笔，然后双击将其添加到样式列表；在舞台中进行绘制；必要时可以调整其笔触大小、颜色等属性。

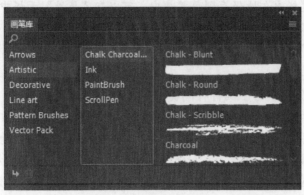

图6-8 "画笔库"面板

在Animate中，画笔分"艺术画笔"和"图案画笔"两种类型。

1）艺术画笔：能顺着笔触伸展基本艺术图案。

2）图案画笔：沿着笔触重复同一个画笔形状。

如果画笔库中找不到自己喜欢的画笔，还可以自定义画笔（如图6-9所示）。具体操作方法：在舞台绘制好需要的形状；选中所需的形状，单击画笔库左侧的"创建新的画笔"

图6-9 自定义画笔

按钮；在打开的"画笔选项"面板中，选择画笔类型，输入画笔名称，其他选项根据需求设置，最后单击"添加"按钮，将其添加到样式列表。

2. 实例解析

到目前，已经分别学习了两种补间类型的动画，"补间动画"和"补间形状"动画，这两种类型其实也可以结合起来使用。下面通过实例"爬行的毛毛虫"（如图6-10所示）来熟悉它们的组合使用方法。在该实例中，除了背景外，主要就是一条毛毛虫，它通过身体的一伸一缩向前爬行。从视觉上，身体的一伸一缩，说明虫子有形状的变化；虫子向前爬行，说明虫子的位置发生了变化。并且这两种变化，在时间上是同步的，所以可以用嵌套动画的方式来实现。也就是说，内层用补间形状实现虫子身体的伸缩，外层用补间动画实现虫子的位置移动。

图6-10　实例"爬行的毛毛虫"

实例"爬行的毛毛虫"的主要实现过程如下：

1）布置舞台：导入背景图、树木、草丛等素材，并在舞台中布置好。

2）创建毛毛虫：确立毛毛虫的图案，并将其创建为"画笔"，类型为"图案画笔"；新建元件，选用"线条工具"，设置笔触样式为刚创建的画笔，在舞台绘制出毛毛虫的形状。

3）创建毛毛虫的弯曲变化：在元件中，将帧延长到合适的位置，再在中间和末端插入关键帧，以复制现有的毛毛虫形状；在中间帧，调整毛毛虫的形态，让其身体拱起，再在各关键帧之间创建补间形状。

4）创建毛毛虫向前的爬行动作：这里要注意的是，毛毛虫的前进是间歇性的，即先有身体拱起，然后再有前行动作，所以爬行是发生在形变的后半部分。先进行爬行距离的测试，即确定当毛毛虫缩起身体之后，接下来要往前移动的距离；根据获得的爬行距离，为毛毛虫设置间歇性的爬行动作，即在一个形变周期内，前半周期保持不动，后半周期移动爬行距离。

5）播放测试：如果毛毛虫采用的是"图形"元件，则可以直接播放预览；如果采用的是"影片剪辑"元件，则需要<Ctrl>键和<Enter>键进行播放测试。

> **知识拓展**
>
> 如果动画的时间长度（帧数）不够，可以延长补间的长度，但要注意的是，延长时要按住<Shift>键，否则是对原有动画进行时间长度的缩放，从而会改变属性关键帧的位置。

6.4 使用缓动效果

1. 缓动类型

在补间动画中已经了解到，为运动对象添加缓动效果，可以使对象的运动更自然、更逼真。其实，在补间形状中也是如此，当人、笑脸或物体等发生形变时，会因其自身材质、结构、受力、环境等因素而表现出不同的形变。反过来，也可以用不同的形变来体现物体本身的柔韧性、受力程度等状态，这其中也包括形变速度的变化。在具体制作时，可通过为补间形状添加缓动来实现。

链6-4 使用缓动效果

和补间动画类似，补间形状的缓动也分成多种（如图6-11所示）：

1）无缓动（No Ease）：同样可用来删除已有的缓动。

2）传统缓动（Classic Ease）：它允许用户通过调整数值来设置缓动强度，可调整的数值范围依然为-100～100，同样是负值表示缓入、正值表示缓出。

3）缓入（Ease In）：其下含有缓动效果不同的子类，可以根据实际需求进行选用。

4）缓出（Ease Out）：其子类选项与缓入的相同。

5）缓入缓出（Ease In Out）：子类选项也同前面类似，但它能对同一段动画的首尾各增设缓动效果。

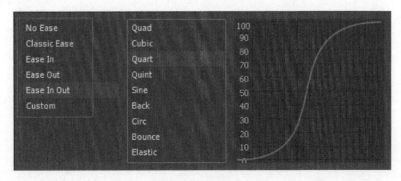

图6-11 缓动类型

6）自定义缓动（Custom）：它能够让用户自行设计缓动动作，以更好地满足对实际缓动的需求。

2．设置方法

补间形状缓动的设置也是在"属性"面板中进行，其中的"补间"选项中就有"缓动"设置，从其下拉列表就能选取不同类型的缓动及其子类，如图6-12所示。

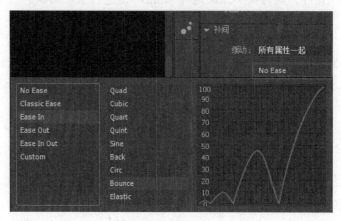

图6-12　缓动的设置方法

3．实例解析

下面通过实例"你画我擦"（如图6-13所示）来进一步了解补间形状动画中缓动效果的使用。一开始，右侧的铅笔会在舞台底部绘制一条直线，同时，舞台上方会下落一个笑脸；笑脸因受直线阻挡，重新弹回到舞台上方，这时，左侧的铅笔会将直线擦除；当笑脸再次落下时，就会直接落到舞台下方。在画面中，铅笔下方会有其阴影，并且，这些阴影会随着铅笔状态的改变而变化。

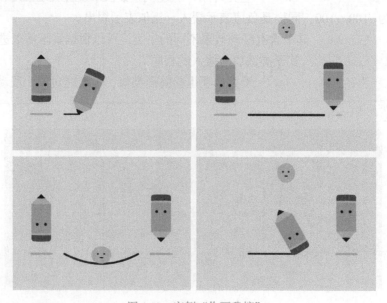

图6-13　实例"你画我擦"

实例"你画我擦"的主要实现过程如下：

1）准备素材：包括笑脸元件、铅笔元件、铅笔阴影元件，以及各元件实例在图层与舞台当中的布局；同时，还需要绘制一条能产生形变的线条。

2）创建线条与笑脸的运动：线条的弯曲变形选用补间形状来实现，笑脸的下降、弹回、回落运动则选择用补间动画来实现（选用补间形状也可以）。笑脸先从舞台上方外侧向下移动，直到接触到线条；随后线条向下弯曲，需要创建补间形状动画，并添加"缓动"选项，类别选"缓出"子类中的第3项；再将笑脸垂直移到线条上方并稍有接触，在动画编辑器中调整其Y属性曲线，使笑脸在前两个关键帧间做近似自由落体的运动，在后两个关键帧间做减速运动，同时还要保持其始终与线条略有接触，另外，曲线段间的连接也要保持平滑；再调整线条向上弯曲，注意幅度要略小于刚才向下弯曲时的幅度，同样创建补间形状，并添加"缓出"子类中的第3项；间隔两帧后，再将线条向下弯曲，幅度更小些，添加"缓出"子类中的第2个选项；再间隔两帧，将线条向上弯曲，略有幅度即可，同样添加"缓出"类别中的第2个子类；在其后的帧中，将线条调回到原始的平直状态；将笑脸垂直上移到舞台偏上位置，间隔合适的时间之后，再将其垂直向下移动，直到舞台下方外侧，然后在动画编辑器中，同样需要调整Y属性曲线，若希望笑脸弹回顶端时停留的时间稍长些，可以将最高点附近的曲线调得平直一些。

3）设置笑脸的形变：笑脸在下落时是纵向拉伸变形，在底端受到线条的阻挡后变为横向拉伸，同时要注意变化点的调整；弹回到顶端，又会变成纵向的拉伸变形。

4）设置铅笔的动作：包括绘制、擦除两种动作，可以用补间动画实现。铅笔在移向线条的时候，是位置和旋转同时都有变化，并且变换点是在铅笔的上方；铅笔绘制线条时，位置和旋转也是同时发生，绘制结束时，铅笔已经垂直，所以后续只有位置的变化；擦除动作与绘制动作基本类似，但其在擦除线条时，角度是保持不变的，在随后的移回原位时，才恢复旋转角度。

5）修改线条的缩放属性：随着铅笔的绘制和擦除动作，线条的形态也要随之发生改变。线条的缩放其实用补间动画或补间形状动画都可以，这里选用补间动画，并通过横向缩放比例来控制线条的长度，同样要注意变换点的位置。

6）设置铅笔阴影的动作：铅笔的运动会使其阴影也发生一些改变；铅笔阴影采用的也是补间动画，同样要注意调整变换点的位置，并通过缩放来实现。

实践与思考

删除舞台内容和删除帧是两种不同的操作，在使用时要注意区分。

假如绘制或擦除线条、铅笔阴影的动态变化，都采用补间形状来实现，要怎么实现？需要注意些什么？

6.5 使用形状提示

1. 形状提示的概念

形状提示是一种强制进行参照点映射的机制。它通过为对象添加

链6-5 使用形状提示

形状提示作为参考点，能明确前后形状之间点的一一对应关系，从而能够定制形状变化过程。如在图6-14所示的火苗变化的补间形状动画中，可以在第一个火苗轮廓的周边添加3个形状提示a、b、c，然后在后面第2个火苗中，将形状提示a、b、c移动到想要的位置，这样，当火苗形状从第1个变化到第2个时，形状提示a、b、c就会强制进行一一对应，即第1个a点位置会强制变化到第2个a点位置，第1个b点会强制变化到第2个b点，第1个c点会强制变化到第2个c点，由此实现对火苗边缘轮廓的强制映射。

图6-14　形状提示

2. 形状提示的使用

形状提示在使用时，会涉及具体操作方法和一些注意事项。

首先，是添加的方法。在使用形状提示之前，先要为对象添加形状提示。添加的方法通常有以下两种：

1）菜单方式：单击"修改"菜单中"形状"下的"添加形状提示"命令，如图6-15所示。

2）组合键方式：使用组合键<Ctrl + Shift + H>。

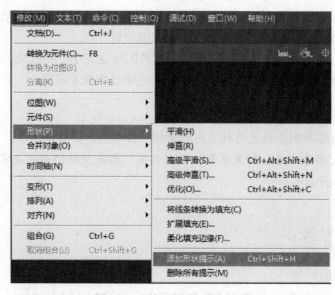

图6-15　添加形状提示的方法

其次，是添加的位置。添加完形状提示之后，需要将形状提示放到形状的边缘处。建议开启"工具"面板中的"贴紧至对象"，即让该按钮处于"按下"状态。

再次，是删除形状提示。当要删除单个形状提示时，可以直接将其拖到可编辑区域外；如果要删除所有的形状提示，可以单击"修改"菜单中"形状"下的"删除所有提示"命令。

最后，还要注意一些细节（如图6-16所示），包括：

1）创建补间形状动画：形状提示虽然是添加给形状的，但需要先创建补间形状动画，才可以添加形状提示，并且是添加给补间两端关键帧中的形状。

2）颜色：形状提示是一个带字母、有颜色的小圆圈，圆圈内的颜色不同，其含义也不同，所以在设置好形状提示的位置之后，需要观察一下其颜色。刚添加时为红色；当映射关系正确对应以后，开始帧的显示为黄色，结束帧的显示为绿色；如果前后帧的映射关系不正确，则会仍然显示为红色。

3）顺序编排：在顺序方面，建议采用逆时针方向，并保持结束帧与开始帧的顺序一致。也就是说，如果开始帧的形状提示按逆时针a、b、c的顺序，那么，结束帧的形状提示按逆时针也必须是a、b、c的顺序，不能用a、c、b的顺序。

4）数量上限：受字母数量限制，一个形状最多可以添加26个形状提示；如果形变过程比较复杂，建议多创建中间的过渡关键帧，以便更好地控制形变过程。

5）查看形状提示：在"视图"菜单中，单击"显示形状提示"命令（如图6-17所示），或用组合键<Ctrl + Alt + I>来查看。

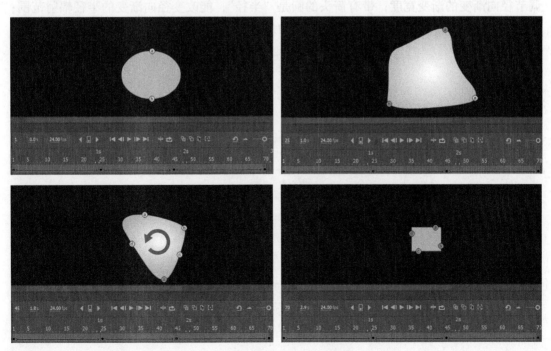

图6-16 添加形状提示的细节

图 6-17   查看形状提示

3. 径向渐变调整

径向渐变是渐变填充的一种，是从一个中心焦点出发沿着环形轨道扩展的渐变填充。当填充的状态不符合要求或需要调整时，就可以通过"渐变变形工具"来修改调整。

使用"渐变变形工具"在已经使用过径向渐变的图形上单击，就会出现如图6-18所示的带标记圆圈。其中，中间的小圆是径向渐变的"中心点"，用来调整径向渐变的中心位置；上方的三角形是"焦点"，用以改变焦点位置；右侧带有箭头的方块表示"宽度"，能调节径向渐变的渐变宽度；带有箭头的圆是"半径"，能改变径向渐变的半径辐射范围；带箭头的圈是"方向"，可以改变径向渐变的角度。

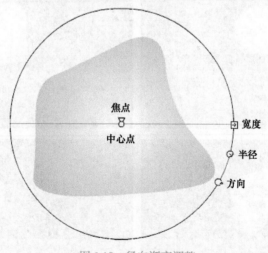

图 6-18   径向渐变调整

4. 实例解析

在使用补间形状时，有时对象并没有按照所期望的那样发生变化，就可以考虑使用"形状提示"来进一步约束对象形状的改变，使其朝着预先设想的方式进行形变。下面通过实例"悦动的火苗"（如图6-19所示）来学习"形状提示"的具体使用方法。画面中有一根已被点燃的蜡烛，上面有火焰在燃烧；火焰的形状在不停地变化，色彩也略有改变；火焰周边稍带有模糊的效果。火焰的形状发生了改变，所以需要用形变动画；但火焰的模糊效果需要用滤镜实现，而形变动画没有滤镜效果，要用到补间动画，所以仍然采用嵌套动画的方式，内层用补间形状，外层用补间动画。

图6-19 实例"悦动的火苗"

实例"悦动的火苗"的主要实现过程如下：

1）创建火焰的不同状态：创建"影片剪辑"元件"火焰"；先画出火焰的大致轮廓，设置径向渐变填充效果；调整轮廓使其形状更像火焰；间隔若干帧，复制该火焰，重新调整其形状，不要调整火焰底部的锚点位置；用类似的方法制作出不同形态的火焰，时间间隔可以随机一些，不要太均等；为形成无缝衔接，可以将第一帧复制到最后一帧。

2）添加补间形状：在各关键帧之间创建补间形状，播放预览，查看有没有变化异常的现象；如果有，可以缓慢拖动播放头，寻找发生畸变的开始关键帧，添加形状提示，并将它们放到合适的位置；切换到下一个关键帧，也就是畸变的结束关键帧，移动形状提示到合适的位置，拖动播放头观察畸变是否得以纠正；用同样的方法继续寻找，调整畸变。

3）让火焰的颜色跟随形状变化：根据火焰的状态变化，利用"渐变变形工具"调整火焰的填充色、渐变宽度、渐变半径、渐变方向、渐变中心点位置等。

4）为火焰设置缓动效果：为使火焰的变化更自然、流畅，可以为其添加缓动效果。缓动的类型、值的大小等需要结合火焰状态具体来设置。

5）添加烛身和滤镜效果：返回场景，用绘图工具画好烛身与烛芯；再新建图层，将火焰拖入舞台并调好位置；为火焰添加"模糊"滤镜并适当调整模糊效果的参数；再添加"发光"效果，适当调整参数。

知识拓展

为能形成无缝衔接的循环播放，通常会将第一帧和最后一帧的形态设置成一样的。滤镜是对对象的像素进行处理，以生成特定效果的方法。

本 章 小 结

　　本章主要介绍了补间形状的含义、原理、特征、创建方法、缓动类型与设置方法、形状提示的功能与使用，以及两种补间的组合使用、画笔的使用和新建方法、渐变填充的调整等内容。补间形状动画也是一种非常常见的动画类型，它能表现物体的颜色、形态、外形轮廓等变化，并可以通过添加缓动效果、使用形状提示等功能来进一步优化动画的表达和信息传递。

练习与思考

❯ 单选题

1. 补间形状适用于（　　　）。

A. 形状　　　　　　　B. 元件　　　　　　　C. 实例　　　　　　　D. 位图

2. 下面有关补间形状的说法正确的是（　　　）。

A. 补间前后形状的数量必须要一致

B. 补间残缺时会出现黑色虚线

C. 补间前后的形状要相同

D. 补间前后形状的颜色要一样

3. 添加形状提示的快捷键是（　　　）。

A. Ctrl+shift+T　　　B. Ctrl+shift+H　　　C. Ctrl+Alt+T　　　D. Ctrl+Alt+H

4. 补间形状的缓动设置在（　　　）面板中进行。

A. 工具　　　　　　　B. 属性　　　　　　　C. 库　　　　　　　D. 历史记录

5. 想要调整渐变填充的属性，应选用（　　　）。

A. 任意变形工具　　　B. 颜料桶工具　　　C. 墨水瓶工具　　　D. 渐变变形工具

❯ 思考题

1. 补间形状的缓动和补间动画的缓动在类型、功能、设置方法等方面有什么异同？

2. 形状提示对笔触是否起作用？是否可跨越关键帧使用？

第 7 章

遮罩动画

- 熟悉遮罩的含义；
- 理解遮罩动画的原理；
- 学会遮罩动画的创建；
- 熟悉加载动画及其创建；
- 学会多重遮罩的使用；
- 学会创建探照灯效果动画；
- 熟悉位图填充的使用；
- 学会创建文本遮罩动画；
- 学会创建线条遮罩动画；
- 掌握遮罩切换等应用。

7.1 遮罩动画基础

1. 遮罩的含义

遮罩可以理解为遮挡、覆盖的意思，很多奇妙的效果都可以通过遮罩来实现。如图7-1所示，可以绘制一个任意的形状，将其放到图片的上方，再利用遮罩，使位于形状内的内容可见，位于形状外的内容变得不可见，从而形成只显示位于形状内内容的画面效果。所以，遮罩是一种有选择性地显示部分内容的方法。

链7-1　遮罩动画基础

图7-1　遮罩效果

2. 遮罩动画

遮罩动画是指利用遮罩原理实现的动画。例如，在图7-1所示的例子当中，可以为图片添加补间动画、对任意形状添加补间形状动画，这样在播放时，整个画面的形状会做动态变化，并且位于形状内的内容也是动态变化的，如图7-2所示。

图7-2　遮罩动画

创建遮罩动画一般需要完成以下几个环节：

1）图层准备：在创建遮罩时，至少需要有两个图层，其中上面的图层用来决定遮罩结果的可见区域，下面的图层用来决定遮罩结果的内容。例如在前面的例子当中，需要将任意形状放置在上面的图层，将图片放置在下面的图层。

2）创建动画：可以根据需要分别为两个图层创建动画。

3）设置遮罩效果：在上面的图层的图层区上右击，再单击"遮罩层"命令，这时舞台中就出现了遮罩效果，如图7-3所示。

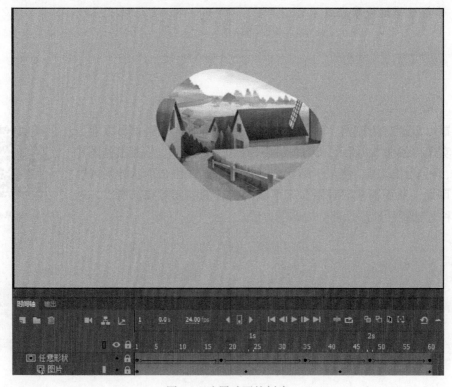

图7-3　遮罩动画的创建

创建好遮罩动画以后，来观察一下时间轴的变化（如图7-3所示）：

1）图层标记：上面图层的标记成为"遮罩层"，下面图层的标记成为"被遮罩层"。

2）图层位置："被遮罩层"图层自动向右缩进，这样能清楚地分辨出遮罩层及其拥有的被遮罩层。

3）图层状态：遮罩层和被遮罩层会同时自动锁定，如果解锁其中任意一个图层，遮罩效果会失效，重新锁定又可以观察到遮罩效果。

3. 遮罩的原理

分析前面的例子可知，遮罩动画其实是在创建好基本动画的基础上，再利用遮罩效果来实现的。它的实现需要有两个图层的配合：一个是遮罩层、另一个是被遮罩层。遮罩层位于上方，它决定着遮罩结果的可见区域，即将需要显示的部分铺设内容，不需要显示的部分不铺设内容；被遮罩层位于下方，它决定着遮罩结果的显示内容，即将要显示的内容放置在遮罩层中铺设有内容的下方，其他没有被铺设内容覆盖的部分则不会显示。所以，遮罩的原理是通过控制遮罩层中内容的铺设与否、铺设区域来达到保留或透明化被遮罩层中的内容，从而实现有选择性地显示部分内容的目的。

> **要点提示**
>
> 在具体使用时，对遮罩层的内容有所限制，不宜太复杂，如不推荐使用嵌套等复杂动画。

7.2 简单遮罩

1. 加载动画

加载动画（如图7-4所示）是指在页面加载过程中出现的动画，通常都比较有趣、美观，且易显示。它的出现，一方面让等待加载的过程不再枯燥，有利于有效缓解用户的负面情绪；另一方面也能加深用户对产品、品牌、软件等的印象，有利于提升用户体验和黏合度。

链7-2 简单遮罩

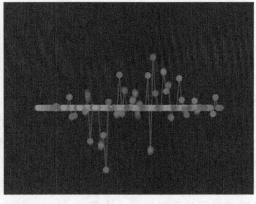

图7-4 加载动画

从画面元素组成上来看，加载动画可以分为带进度条和不带进度条两种。

1）带进度条：进度条可以是简单的条状，也可以是与其他内容结合的创意表现。在表示加载进度时，可以采用数字，通常是百分比，也可以采用其他视觉形式来表现。

2）不带进度条：通常是可以无限循环的动画，能让用户感觉到等待也是一种享受，有时甚至可以嵌入品牌理念、品牌标记等内容。

2. 实例解析

遮罩动画能利用遮罩层选择性地显示部分内容，从而可以将不需要的画面进行隐藏或不显示。在加载动画中也可以加入遮罩效果，使加载动画看起来更具吸引力。下面通过实例"直冲云霄"（如图7-5所示）来学习遮罩在加载动画中的应用。画面的可见区域为一个圆形，从中能看见蓝天、云朵，不时地会有飞机从下往上快速飞过，同样，飞机也只有在圆形区域内是可见的，所以可以用遮罩来实现。

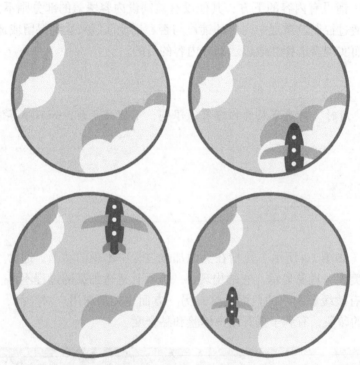

图7-5　实例"直冲云霄"

实例"直冲云霄"的主要实现过程如下：

1）准备工作：创建云层图层，画好蓝天、云朵，并将其置于最底层；创建飞机元件并将其拖到舞台下方，因两架飞机是独立飞行，所以需要放在不同的图层。

2）创建遮罩层和圆环层：因为实际只需要中间的圆形画面是可见的，所以需要创建一个圆，填充色任选，有笔触；再将圆内部的填充（即圆形）和外部的笔触（即圆环）分开放在不同的图层。

3）设置飞机的飞行动作：因为是加载动画，给人的感觉要速度快一些，所以要选用相对短的时间让飞机飞过；在第50帧，为所有图层插入帧，再为两个飞机图层创建补间动画；再通过设置"位置"属性关键帧，使飞机产生垂直向上运动的效果。

4）设置遮罩效果：将圆形所在的图层设为遮罩层，飞机、云朵、蓝天所在的图层设为被遮罩层，再锁定遮罩层和被遮罩层。

知识拓展

遮罩层在动画运行期间是不可见的，所以实际需要显示的内容不能放在遮罩层。

遮罩层只起到一个"视窗"的作用，在默认情况下，遮罩层中对象的属性（如颜色、透明度、滤镜效果等）也是被忽略的。

7.3　多重遮罩

1．多重遮罩的含义

从第7.2节的实例"直冲云霄"中可以看到，在一个遮罩里，虽然遮罩层只有一个，但其下面的被遮罩层可以有多个，也就是说，一个遮罩层可以拥有多个被遮罩层。

有时，单个遮罩会难以实现画面的多重表达，需要改用多重遮罩来实现。由于在一个遮罩中，遮罩层只能有一个，所以，如果需要用到多个遮罩层，就需要分别创建多个遮罩，以达到多重遮罩的效果，如图7-6所示。

链7-3　多重遮罩

图7-6　多重遮罩

在创建多重遮罩时，要特别注意分清各个遮罩层，以及各自拥有的被遮罩层，不同的遮罩之间彼此相互独立。

2．实例解析

下面通过实例"移动的城市"（如图7-7所示）来学习多重遮罩的使用。在画面的最前面是草和树木，其中的叶子部分是动态变化的，需要使用遮罩；中间部分是用轮廓来表现的建筑群，轮廓内的内容也是动态变化的，同样需要用遮罩。这两个遮罩是彼此独立的，所以可以采用多重遮罩的方法来实现。

图7-7 实例"移动的城市"

实例"移动的城市"的主要实现过程如下：

1）准备相关元件：包括树林、树干和建筑群。其中，树林元件中叶子的颜色可以任选，而树干部分需要单独创建元件，并采用复制、原位粘贴的方法来创建，以确保在后续创建动画时，树干和树叶依然能对位；同样，建筑群的填充色也可以任选。

2）在舞台布局各元素：创建各图层，并将相应元素拖入舞台，从下往上依次为背景图、黄色彩图、建筑群元件、绿色彩图、树木元件和树干元件。在初始位置方面，除了背景图，其他的可以根据运动方向设置。背景图顶端对齐、左右大约在中间；黄色彩图左对齐、上下大约也在中间；建筑群元件适当调整大小、左对齐，并靠下放置；绿色彩图为左对齐、上下在中间位置；树木元件左对齐、偏下位置；树干的设置其实和树木是完全一致的，包括动画，所以可以在后面设置好动画后一起调整。

3）设置各元素的动作：在第100帧，为所有图层插入帧，并为背景图外的其他元素创建补间动画；在第100帧，水平移动各元素到相应的位置。

4）设置遮罩效果：将"建筑群"和"树木"图层设为遮罩层，这时相应的下一个图层会自动变为被遮罩层，锁定相关图层，播放预览。

5）复制动画：将"树木"的动画复制给"树干"，选中树木的补间范围后右击，再单击"复制动画"命令，选中树干的补间范围，右击，再单击"粘贴动画"命令。

知识拓展
在遮罩中，遮罩层和被遮罩层可以没有动画，也可以各自拥有自己的动画，并且动画类型也可以不同。

7.4 探照灯效果

1. 探照灯

探照灯主要利用强光进行远距离照明，它的特点是能将光束聚集在一个较小的立体角内。在动画中，可以用遮罩来模拟这种聚光效果，如图7-8所示。探照灯效果主要表现的是，在同一空间中，被光投射部分的画面效果与其周边光未波及部分的不同，这种不同通常体现在色彩、光亮程度、画面内容等方面。

链7-4 探照灯效果

图7-8 探照灯

2. 实例解析

利用遮罩来实现探照灯效果，主要是通过对放置于遮罩层的遮罩形状的控制来模拟探照灯的运动。在实例"光中游乐场"（如图7-9所示）中，采用了两束运动着的光，当光照射到画面时，有光的部分画面是彩色的，无光部分的画面会失去色彩。从实现的角度来看，一束光的运动就是一个动画，现有两束光，所以需要用两个补间动画。

图7-9 实例"光中游乐场"

实例"光中游乐场"的主要实现过程如下：

1）准备素材：包括光照区域元件、彩色图及其相对应的灰度图。其中，光照区域元件的填充色可以随意。

2）在舞台布局素材：将灰度图作为背景放在最底层，并调整舞台大小与图片相同；彩色图放在灰度图的上一个图层；最上面两层为光照区域的实例，并放置成对角位置。

3）设置光照区域的动作：光照区域的动作为旋转，所以需要调整变换点位置。将左侧的调整到舞台左上角，右侧的调到右下角。创建时长为90帧的补间动画，并分别在时间的两端将光照区域调整到需要的位置。然后大约在中间位置，更换两光照区域的旋转角度。

4）设置遮罩：用于遮罩的图层其实有两个，就是位于最上面两层的光照区域，而它们的被遮罩层都是彩色图，所以可以采用多重遮罩的方式。在两个光照区域间再添加一个图层，并放入彩色图，再将两光照区域分别设为遮罩层。

实践与思考

在实例"光中游乐场"中，是否可以将光束创建为元件，然后在元件中创建补间来实现相同的效果呢？

7.5 文本遮罩

1. 遮罩与位图填充

在第2章介绍过通过分离的方式将文本转为形状，再对文本进行重构与修饰。除此之外，还可以使用遮罩、位图填充等方式对文本进行修饰，使文字的外观更加多样化。

虽然对处于静止状态的文本来说，使用遮罩、位图填充的方式所得到的文本，在外观上初看没有太大的区别（如图7-10所示），但从本质上来说，两者存在一些差异。

链7-5 文本遮罩

1）存在形式不同：使用遮罩修饰文本时，文本仍然是文本；使用位图填充修饰文本时，需要先将文本转为图形，然后才可以填充，所以，文本变成了形状，不再具有文本属性。

2）修饰图案不同：使用遮罩时，各个文字可以当作一个整体来修饰，也可以通过多重遮罩分别按字进行修饰，并且可通过调整遮罩层、被遮罩层的相对位置来选择不同的图案；使用位图填充方式时，虽然也可以分别为每个文字形状选取图案，但因为文本已经成为形状，所以图案的填充位置由系统自动选择。

3）原理方法不同：使用遮罩是根据遮罩原理，通过在时间轴的图层区，将文本所在图层设为"遮罩层"来完成修饰；使用位图填充则是利用颜色填充的方式，通过在"颜色"面板设置"位图填充"选项来完成。

4）灵活性不同：使用遮罩方式，用于修饰的内容除了图片外，还可以是图形、文字、形状等多种元素；使用位图填充，则只能选择图片的方式来填充。

5）对动画的支持不同：使用遮罩方式，可以为对象创建动画，从而能形成动态的效果；而位图填充，只能是静态的。

图7-10　遮罩与位图填充

2．实例解析

将遮罩应用于文本，不但可以修饰文本，还可以为文本设置动态变化的效果。下面通过实例"宣传语设计"（如图7-11所示）来学习遮罩在文本中的具体应用方法。画面最先是分段出现的宣传语，随后是Animate的图标；宣传语的文字是彩色的，且文字内的填充动态变化，所以可以用遮罩来实现；文字的移动、图标的缩放，其速度都是非匀速的，可以借助缓动效果来实现。

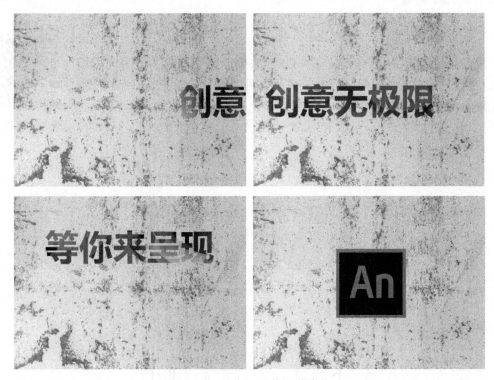

图7-11　实例"宣传语设计"

实例"宣传语设计"的主要实现过程如下：

1）准备素材：包括背景图、文字和图标。文字由两句话组成，且它们的运动方式是不一样的，需要用两个文本框来表现。

2）布局素材：将背景图放到最底层，持续时间为160帧；将用于填充文字的图片放到上一层，持续时间为110帧；将两段文字依次放到第3层，持续时间各为50帧，中间间隔10帧，并在这10帧的舞台外侧绘制任意一个形状作为遮罩；在第4层的第121帧开始，放置Animate的图标。

3）设置动画：为用于填充文字的图片创建补间动画，并添加旋转和缩放属性关键帧，时间点分别为两段文字持续时间的中间点；为两段文字分别创建补间动画，并在各自的最后添加位置属性关键帧，让第一段文字从舞台右外侧水平移向左外侧，另一段从外下方垂直移向外上方，并且都添加中间慢、两头快的缓动效果；为Animate图标创建补间动画，设置缩放属性关键，并添加弹簧缓动效果。

4）设置遮罩效果：将第3层，即文字所在的图层设为遮罩层，播放预览。

> **知识拓展**
>
> 如果遮罩层中没有任何内容，则遮罩层将不起作用。
> 类型为"动态文本"的文字，在添加滤镜以后，将不被遮罩层识别。

7.6 线条遮罩

1. 遮罩中的笔触

线条是最朴素的绘画语言，它可以用来勾勒各种形状（如图7-12所示），描绘创作者的构思等。同时，线条也可以用来实现遮罩，为创作提供无限的变幻空间。

链7-6 线条遮罩

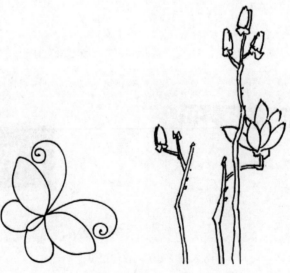

图7-12 线条绘画

在具体使用时，线条可以用作遮罩层的元素，也可以用作被遮罩层的元素。当用作遮罩层中的元素时，由于遮罩层中起作用的是"填充"，大部分笔触不能直接被遮罩层识别，所以需要先将线条转化为填充。转换的方法：选中线条，然后在"属性"面板中单击"扩展以填充"按钮。

线条可以设置"样式"和"宽度"，在默认情况下，选中的样式为"实线"，宽度为"均匀"。如果选择其他样式或宽度以后，部分笔触又可以直接创建遮罩，所以，在使用时可以根据具体情况来设置。如图7-13所示，被遮罩层画有一个黄色的圆，遮罩层中则放了多种不同样式的紫色线条，当锁定两图层之后，部分线条所覆盖的区域，会显示出被遮罩层中的黄色圆内容。

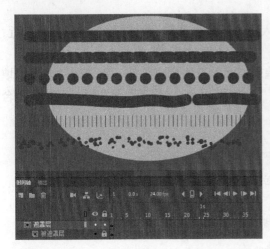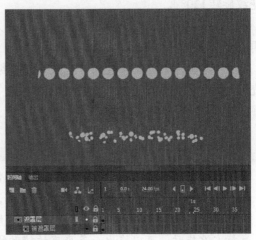

图7-13 用笔触作为遮罩

2. 实例解析一

虽然线条看起来很普通，但可以利用它来创建各种花纹、图案等更复杂的图形。下面通过一个实例"旋转的花纹"（如图7-14所示）来学习将线条用作遮罩的方法。在本实例中，用线条构造了花纹，并为花纹添加旋转动作，之后再将花纹设为遮罩层，彩色背景作为被遮罩层，就会形成镂空的效果，从而显现出后面彩色背景的内容。

图7-14 实例"旋转的花纹"

实例"旋转的花纹"的主要实现过程如下：

1）绘制花纹：选用"线条工具"，笔触稍微调大一些，将"宽度"设为"宽度配置文件5"，在舞台中间位置拖动画出图案；略微调大笔触，继续沿原有图案方向拖动画一个同方向的图案；再略微调大笔触，继续沿同方向画第三个图案，长度可以短一些；选中所有图案，调整变换点使其位于三个图案的方向线上，可以与图案本身保持些距离；再利用"变形"面板里的"重制选区和变形"按钮，复制该图案使其形成一个圆形状；再复制所有图案并"原位粘贴"；将粘贴后的图案缩小（或者放大，视具体情况而定）、旋转一定角度，调整变换点到中间位置，再进行"重制选区和变形"，同样使其形成一个圆形状。

2）设置花纹的运动：选中所有图案，并将其转换为元件"花纹"；调整花纹的变换点，位置可根据实际需要来设定；将帧延长至100帧，并创建补间动画；在第100帧，将花纹旋转120°。

3）为花纹填充颜色：新建图层，再导入所需图片；调整背景图片大小与舞台接近，再将图层放到花纹下面。

4）设置遮罩效果：进入"花纹"元件编辑模式，选中所有内容，再单击"扩展以填充"按钮；在图层"花纹"上右击，再单击"遮罩层"命令；为了凸显花纹，可以将舞台颜色改为黑色；播放预览。

知识拓展

辅助线可以帮助我们进行更精确的定位和设计。要打开辅助线，可以先单击"视图"菜单中的"标尺"命令，打开标尺栏，然后将指针移向舞台上方的标尺位置，再按住鼠标左键拖动，拖出一条水平的辅助线，如果移向舞台左侧的标尺位置，再按住鼠标左键拖动，可以拖出一条垂直的辅助线。

如果要删除辅助线，将其拖离可编辑区即可。

3．实例解析二

线条可以放在遮罩层中用作遮罩，也可放在被遮罩层中作为普通元素来使用。下面通过实例"转动的线条"（如图7-15所示）来学习一个线条同时被用作遮罩和被遮罩的动画。整体画面由动态变化的多彩光点构成，光点的大小、位置、角度等会不断变换。

图7-15　实例"转动的线条"

实例"转动的线条"的主要实现过程如下：

1）设置被遮罩层的内容：选用"线条工具"，笔触略粗，在舞台中间位置拖动画直线；调整线条的变换点到线条外侧，注意不要放在线条的延长线上；利用"变形"面板里的"重制选区和变形"按钮，复制该线条使其形成一个圆形状，复制旋转的角度可以根据情况来定，这里设为15°；选中图层里的所有内容，再将其转换为元件"线圈"。

2）设置遮罩层的内容：复制线圈所在的图层，再将复制后的线圈"水平翻转"；双击翻转后的线圈，进入元件编辑模式，再选中所有线条，将其"扩展以填充"；再将扩展为填充后的图层设为遮罩层。

3）设置运动效果：这一步的主要目的是让上下层线条能错位交叠，以形成一些随机的图案，所以参数值也可以随机设置。解锁图层，两图层时间长度设为80帧，并创建补间动画；在遮罩层的第35帧，打开"变形"面板，设置缩放比例、旋转等属性；在被遮罩层的第50帧，同样设置缩放比例、旋转等属性，并添加颜色属性关键帧，将透明度值设为100；在最后一帧，修改遮罩层线圈的缩放、旋转等属性，修改被遮罩层线圈的缩放、旋转、Alpha等值。

4）更改前景和背景颜色：现在的线圈为纯色，将其改为彩色。双击线圈进入元件编辑模式，用颜料桶工具将其填充为彩色，修改背景为黑色。

实践与思考

如果在绘制好线条以后，将线条的变换点放在线条的延长线上，然后再进行"重制选区和变形"，遮罩时会产生什么结果？为什么？

7.7 遮罩切换

1. 切换效果

切换效果在演示文档处理、影视、动画，特别是一些以轻松、幽默为主的影视、动画中都能看到。切换效果的种类也非常丰富，如缩放、移动、旋转、溶解、翻页、透明度等，如图7-16所示。在画面之间使用切换效果，一方面能让画面间的衔接更加自然流畅，另一方面也可以丰富整个动画的视觉效果。

链7-7 遮罩切换

图7-16 切换效果

2. 实例解析

利用遮罩进行切换，通常是通过形状的变化来实现，即在两个画面之间，通过形状的变化，使一个画面占用的面积越来越小，另一个画面占用的面积则越来越大，从而实现画面的切换。如图7-17所示，在实例"插画集展示"中，整体画面由若干幅插画组成，它们按一定顺序逐幅显示，在画面转换时，用了不同形状的切换，且这些形状的缩放是放大、缩小交替进行的，这个切换的过程就可以使用遮罩来实现。

图7-17　实例"插画集展示"

实例"插画集展示"的主要实现过程如下：

1）准备素材与图层：准备好画幅大小相同的图片，并导入到库，设置舞台大小与图片相同；这里准备用两个图层来交替显示画面内容，所以创建3个图层，一个用来放置用于遮罩的形状，另两个用来放置图片。

2）布局素材：我们用10帧的时间来实现切换过程，用20帧的时间来显示每幅图片内容。在上一个图片层的第1帧，将图片1拖到舞台，在下一个图片层的第21帧，插入空白关键帧，再将图片2拖入舞台；在上一个图片层的第31帧插入空白关键帧，在第51帧插入空白关键帧，将图片3拖入舞台；在下一个图片层的第61帧插入空白关键帧，在第81帧插入空白关键帧，将图片4拖入舞台；后续的图片放置方法依此类推。

3）绘制遮罩形状：返回第1帧，锁定两个图片层；第1个是圆形，在第21帧插入空白关键帧，再在舞台绘制一个椭圆，颜色任意、无笔触，并适当调整缩放比例，使其能完全覆盖舞台；在第31帧，插入关键帧，将椭圆缩放比例设为1；第2个是五角星形，在第51帧插入空白关键帧，再画一个五角星形，适当调整参数，再设置缩放比例为1；在第61帧插入关键帧，并将其放大到能遮盖舞台。后面都是类似的设置，要注意大小变化是交替出现的，也可以用多个形状组合起来使用。所以，遮罩层的形状变化是交替的，即先由大变小，再由小变大，然后又是由大变小……依此轮换变化。

4）设置遮罩层：在同一个形状的不同缩放比例的关键帧间创建补间形状动画，再将放置有遮罩形状的图层设为遮罩层，上一个图片层为被遮罩层，保持最下层的图片层为普通图层。缩放其实是发生在上下两个图层内容有交叠的地方，如第21~30帧、第51~60帧、第81~90帧。

5）设置无缝循环效果：在上一个图片层的最后10帧添加图片1，并设置好遮罩效果。

实践与思考

实例"插画集展示"中采用的是放大、缩小交替的方式切换各图片，假如要实现都是放大或都是缩小的方式，又该如何实现？

本 章 小 结

本章主要介绍了遮罩、遮罩动画、遮罩的原理、加载动画、位图填充，以及多重遮罩、探照灯效果、文本遮罩、线条遮罩、遮罩切换等内容。遮罩是一种能有选择性地显示部分内容的方法，可以实现一些特殊、有趣、神奇的效果，为动画增添趣味性和多样性。在具体使用时，要注意遮罩层中元素的一些限制。

练 习 与 思 考

↘ 单选题

1. 决定遮罩效果内容的是（　　　）。

A. 遮罩层　　　　　B. 被遮罩层　　　　　C. 透明度　　　　　D. 最上面一个图层

2. 遮罩层位于（　　　）。

A. 最顶层　　　　　B. 被遮罩层之上　　　C. 被遮罩层之下　D. 最底层

3. 在一个遮罩中遮罩层的数量为（　　　）。

A. 0个　　　　　　B. 1个　　　　　　　C. 2个　　　　　　D. 无限制

4. 要预览遮罩效果，则需要对遮罩层和被遮罩层进行（　　　）。

A. 解锁　　　　　　B. 锁定　　　　　　C. 隐藏　　　　　　D. 位置交换

5. 下面有关遮罩动画的说法正确的是（　　　）。

A. 遮罩动画利用遮罩原理实现

B. 文本和线条不可以用在遮罩层

C. 遮罩层与被遮罩层的图层标记相同

D. 遮罩层与被遮罩层所采用的动画要相同

↘ 思考题

1. 通过本章的学习，请总结一下，放在遮罩层中的元素有哪些限制？如果当元素不符合要求时，又该如何更改？

2. 在你所看过的动画中，哪些内容可以用遮罩来实现？请举例说明。

第 8 章

交互动画

- 熟悉非线性播放的特点;
- 理解交互动画的含义与特点;
- 掌握按钮元件的使用;
- 了解帧标签的作用;
- 熟悉"动作"面板与脚本语言;
- 熟悉"代码片段"面板与对象的命名;
- 理解隐形按钮及其创建与使用方法;
- 学会交互动画的创建方法。

8.1 交互基础知识

1. 动画的播放

如果来总结一下前面各章节介绍的动画,可以发现它们有一个共同的特点——线性播放,即在用户不干涉的情况下,动画会从头播放到尾。在 Animate 中,其实还可以实现不同的播放效果,即非线性播放。

链8-1 交互基础知识

例如,在前面的遮罩切换动画中,当打开动画以后,它就会从头开始播放直到结束,如果是循环模式,就会一直循环播放,表现的是一种单一的线性关系,如图8-1a所示。如果在此基础上做些修改,可以使其成为非线性播放的动画(如图8-1b所示),即当打开动画之后,画面并没有自动往后播放,而是停在了初始画面,且在下方多了一排小方形,单击任一小方形,就会播放与该小方形关联的画面;当画面播放完了,仍然会停止,再次等待用户的选择,表现的是一种多变的非线性关系。

线性播放与非线性播放的区别主要体现在:

1)线性播放:动画的排列顺序就是播放顺序,可以称其为"播放型动画"。

2)非线性播放:动画的播放与否及播放顺序,取决于用户的参与互动和选择,带有随机性,可以称其为"交互型动画"或"交互动画"。

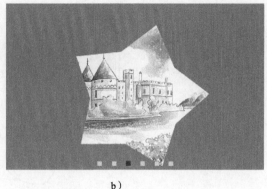

a)   b)

图8-1　线性播放与非线性播放

2. 交互动画

从前面的分析可以看出，交互动画是在动画中融合了交互设计，带有交互功能，能支持事件响应，兼顾了动画的观赏性和交互的功能性。

从用户的角度来说，有交互功能的动画，允许用户参与互动（如图8-2所示），用户可以根据需求或界面反馈，做出自己的选择。这也让用户由被动接受转变为主动选择，能给用户带来参与互动的愉悦感。

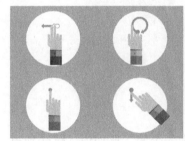
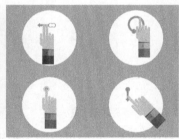

图8-2　交互动画

3. 按钮与动作

在Animate中，交互动画的实现往往与两项内容有关：一个是"按钮"元件，一个是"动作"面板。例如，在图8-1b所示的实例中，画面下方的一排橙色小方形，其实就是一个个按钮。当用户触及按钮时，按钮会改变颜色；当用户单击按钮时，就会显示出与其对应的画面。这些变化其实是在回应用户的动作。

1）按钮：主要用于接受用户的动作请求，如单击、滑动等（如图8-3a所示），是用户和动画联系、沟通的纽带。

2）动作：当按钮接收到用户的请求之后，就需要对用户的请求做出动作回应，如改变颜色、移动内容位置等（如图8-3b所示），它是交互动画的核心所在。

4. 帧标签

标签常用于标识对象，以方便识别或查找，如图8-4所示。在交互动画中，也会涉及标签——帧标签，它是为方便对帧的引用而设置的。

117

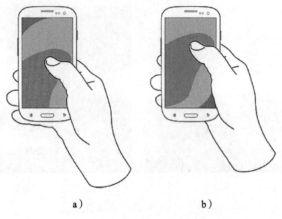

a）　　　　　　　　　b）

图 8-3　按钮与动作

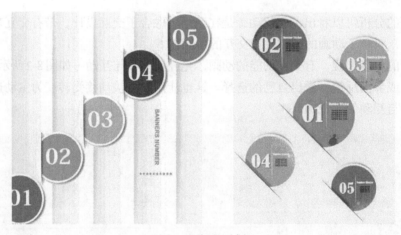

图 8-4　标签示例

在时间轴中每个帧都有自己的编号，它们可以用来识别各个帧，比如说，跳转到第50帧，都知道是哪个位置。但使用帧编号有时会带来一些麻烦，特别是在插入或删除帧的时候。如图8-5所示，在第4帧和第5帧之间插入帧，则新插入的帧就会改变第5帧及其之后帧的编号，即原先的第5帧变成了现在的第6帧。删除帧也是类似情况。

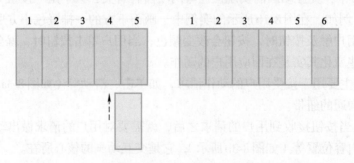

图 8-5　插入新的帧

假如使用帧标签，情况就会有所不同。如图8-6所示，为原先的第5帧设一个标签"start"，同样在第4帧和第5帧之间插入一个新的帧，虽然帧的编号还是照样会改变，但是，标签"start"所指向的帧仍然为原先的帧，因为帧标签会跟随帧一起移动。所以，使用帧标签可以大大方便用户对帧的引用，即使帧的编号发生了变化，只要帧的标签没有变，仍然可以继续按其标签进行引用，而不需要更新。

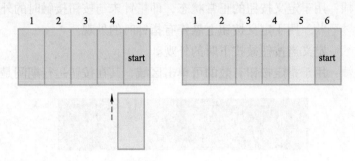

图8-6 使用帧标签

如果一个帧需要添加帧标签，则需进行以下操作：

1）选择帧：单击目标帧位置，以选中它。

2）命名标签：在"属性"面板"标签"选项的"名称"文本框中输入标签名。

一个帧添加了标签以后，会在该帧出现一个红色的三角旗帜及标签名，之后，就可以用该标签名来指代该帧了。

> **要点提示**
>
> 注意：帧标签需要添加在关键帧中，包括空白关键帧。
>
> 对于帧标签的命名，建议遵循命名规则（详见第8.4节）来进行。
>
> 另外，系统不会自动检测不合法的标签命名，或者是重复的标签，所以在使用时需要特别注意。

8.2 简单交互

1. 按钮元件

在交互动画设计中，按钮是很常见的元素，其外观可以千姿百态，功能也是多种多样（如图8-7所示），但其本质功能是为了传递信息，为用户和动画的沟通搭建桥梁。按钮元件是Animate的三大元件类型之一，也是按钮功能的主要承载者。

链8-2 简单交互

图8-7 按钮

按钮的创建方法与影片剪辑元件类似，所不同的是：①在新建时，类型要选择"按钮"；②其图标为一个带有手形状的圆角矩形 。

创建好按钮元件以后，可以看到其包含有4个特定的帧（如图8-8所示），它们分别是：

1）"弹起"帧：用于定义按钮的正常状态，即指针未与按钮接触时的外观。

2）"指针经过"帧：用于定义按钮上悬停有指针时的外观。

3）"按下"帧：定义当按钮被按下时的外观。

4）"点击"帧：用于指定按钮有效的可单击区域，其在按钮运行期间是不可见的。

图8-8 按钮的4个特定帧

由以上4个帧的功能描述可以看出，按钮元件的前3个帧，是与指针相对于按钮的位置及状态紧密相关的；第4个帧则表示可以重新定义按钮的有效区域，即按钮的有效区域可以另外指定，不一定采用默认的。

2. 实例解析

按钮在交互动画中的使用会比较频繁，熟练使用按钮是学习交互动画的基础。下面通过一个简单按钮的制作实例"换表情"（如图8-9所示），来认识按钮的使用，同时也可以加深对交互动画含义的理解。整个画面由一个人物和一个按钮组成，在初始时，帽子遮住了人物的大部分脸部；当将指针移到按钮上时，帽子会向上移动一段距离，并显露出人物的表情；当在按钮上按下鼠标左键时，人物的表情发生变化，同时配合有手部动作；当松开鼠标，但指针仍位于按钮上时，人物表情和手的动作都恢复到上一个状态；当指针离开按钮时，人物又恢复到初始状态。通过以上过程可以看出，这个动画实际上体现的是人物状态与指针状态的关联关系。

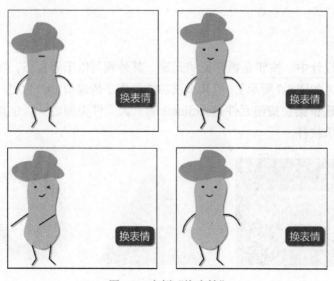

图8-9 实例"换表情"

实例"换表情"的主要实现过程如下：

1）创建按钮元件：创建ActionScript文档；新建一个按钮元件"表情按钮"。

2）绘制人物：利用前面章节讲过的知识对人物进行分析、分解，将其拆解为一些基本形状，并进行调整、组合来获得。同时，需要考虑人物每个部分的活动，即后面需要有动作的部分，要分别分开，并放在不同的图层。这里分成了身体、五官、四肢、帽子4个图层。

3）绘制按钮：新建图层"按钮"；并绘制好表示按钮外观的矩形；再输入需要的文本，设置好字号、字体、颜色等；调整两者的位置，使文字位于矩形内部。

4）设置按钮的各个帧：选中所有图层的"指针经过"帧，按<F6>键复制；调整帽子到偏上位置以能看到人物的眼睛，人物的嘴部调成微笑模式；选中所有图层的"按下"帧，按<F6>键；修改人物的左眼、嘴巴还有双手，眼睛要调成眯眼的效果，再调整嘴巴使其略微向上倾斜，调整双手的动作，将左手指向右侧，右手伸直，也指向右侧；拖动播放头观察整体画面是否协调；再选中"按钮"图层的"点击"帧，按<F6>键，并删除人物。

5）外观修整与测试：单击场景1返回，从"库"面板拖动"表情按钮"到舞台，调整好按钮的位置，添加适当的投影滤镜，播放测试。

知识拓展

默认时，出现在按钮中的对象均会自动成为其可单击区域。如果需要改变默认的可单击区域，在按钮的",点击"帧中重新修改各形状的覆盖区域即可。

8.3 显示与隐藏

1. 脚本语言

脚本语言本质上也是一种编程语言，但它相对简单、易学、易用。在Animate中使用脚本语言，可以扩展Animate的功能，添加更多、更丰富的交互功能。

Animate提供两种脚本语言，即ActionScript和JavaScript，如图8-10所示，两者在具体写法上有区别，因此，在具体创建文档时要做好选择。

链8-3 显示与隐藏

图8-10 脚本语言AS和JS

1）ActionScript脚本语言（简称为AS）：采用ActionScript语法规则进行编写，主要适用于ActionScript等文档类型。

2）JavaScript脚本语言（简称为JS）：采用JavaScript语法规则进行编写，主要适用于HTML5 Canvas等文档类型。

2．"动作"面板

在Animate中，脚本语言主要在"动作"面板中进行编写。下面就来具体了解有关"动作"面板的知识。

1）主要功能：类似于代码编辑器，主要用于编写代码。

2）打开方法：单击"窗口"菜单中的"动作"命令，或按快捷键<F9>，或在时间轴的关键帧上右击，再单击"动作"命令。

3）面板的组成：如图8-11所示，①是"脚本窗格"，也就是代码主要的编辑区域；②是"导航窗格"，通过它可以快速地在不同帧的代码之间切换；③是"状态栏"，显示一些状态信息，如当前光标所处的行、列位置等；④在窗口的右上方，有一些"选项按钮"，其中的"代码片段"按钮，可以展开"代码片段"面板。

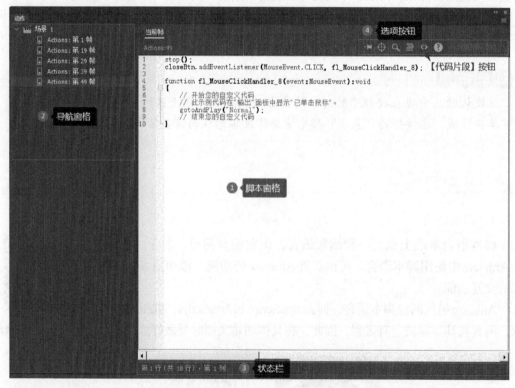

图8-11　动作面板

知识拓展

　　脚本语言通常添加在关键帧，包括空白关键帧。

　　为了便于后续的阅读和调试，通常会单独建立图层，专门用来存放脚本代码。

　　当添加了脚本代码之后，相应的关键帧上会出现字母"a"，以便与其他关键帧区分开来。

3. 实例解析

让对象显示或隐藏是常见的动画交互形式。例如"弹出式菜单",在默认时菜单是隐藏的,当用户给出指定动作后,又会显示出来,为用户提供选择。下面就通过实例"大洲源简介"(如图8-12所示)来进一步熟悉显示与隐藏动画的制作方法。初始时,画面显示的是一幅风景图片;当指针移到图片上时,会同时从上面和下面弹出半透明的层,下面的层中含有对图片内容的文字介绍;当指针离开图片,画面又恢复到初始状态。经分析可以看出,画面中的风景图片实际上就相当于一个按钮,它能对指针的悬停做出回应,即同时从上边和下边弹出半透明的层;而对于弹出透明层的动作,可以当作动画来看待,只不过这个动画很简短、动作也很简单,可以通过影片剪辑来实现。

图8-12 实例"大洲源简介"

实例"大洲源简介"的主要实现过程如下:

1)创建按钮元件:导入风景图片到舞台,设置舞台大小与图片相同;将风景图片转换为按钮元件,并双击该图片进入元件编辑模式;选择"点击"帧,按<F5>键插入帧。

2)创建弹出动画:即实现两个半透明层分别从上和从下弹出的动画。返回场景1,新建图层,任意绘制一个白色无笔触的矩形,再将其转为影片剪辑元件;双击矩形进入元件编辑模式,降低矩形颜色的透明度值,取消宽高约束,设置宽度与图片相同,高度约为图片高度的一半,并将其放到舞台的上方;重命名图层为"上半部分",再将图层复制为"下半部分",调整其到舞台下方,颜色透明度值稍微调高一些;选用"文本工具",在矩形内拖动,再输入文字,适当调整其字体、字号、颜色、段落等属性;选中两个图层的第5帧,插入帧,再各自创建补间动画,在第5帧分别插入"位置"属性关键帧;回到第1帧,将下半部分的矩形垂直移到舞台外下方,将上半部分的矩形垂直移到舞台外上方;新建图层命名为"Actions",在该图层的第5帧按<F7>键,再右击执行"动作"命令,在弹出的"动作"面板中输入"stop();"（不包括引号），其作用是让播放停止，即当播放头播放到第5帧时，就停止播放，不自动循环。

3）设置按钮的"指针经过"帧：其功能是当指针滑入风景图片上方时，显示出半透明的层，以及相关的文字，也就是将"弹出动画"添加到按钮当中。在"库"面板中双击"大洲源按钮"将其打开；新建图层，选中该层的"指针经过"帧，按<F6>键，将"弹出动画"影片剪辑拖入舞台，并调整好位置。

4）删除多余图层：返回场景1，删除上一个图层，播放测试。

要点提示

注意：代码中的标点符号，如括号、分号等，都要用英文状态下的标点符号。

另外，ActionScript代码是区分大小写的，在书写时需要特别注意。

8.4 轮播动画

1. 轮播动画的含义

轮播动画，顾名思义，是将画面轮番播出。它最常见于各种平台、网站的首页，如天猫、京东等产品销售类网站，或是搜狐、新浪等新闻报道类网站，如图8-13所示。

链8-4 轮播动画

阿联脚伤未出场卡特意外受伤 网队加时险胜热队c3

图8-13 轮播动画

轮播动画的种类有很多，例如，从轮播的方向来看，有水平轮播，也有垂直轮播；从轮播的方式看，有按顺序轮播，也有任意顺序的轮播，或是多种方式的组合，等等。

2. "代码片段"面板

通过前面的实例，已经熟悉了"动作"面板的功能与使用。在Animate中，还有一个与"动作"面板关系密切的"代码片段"面板，如图8-14所示。其主要功能和使用方法如下：

1）主要功能：提供有预设代码，能快速生成常用代码，方便用户使用。

2）打开方法：单击"窗口"菜单中的"代码片段"命令，或在"动作面板"中单击"代码片段"按钮。

3）代码的分类与组织：面板里提供有ActionScript、HTML5 Canvas和WebGL这3个大类，每个大类下面又分为多个子类。如在ActionScript大类中，有动作、时间轴导航、动画、加载和卸载、事件处理函数等子类。展开子类后，是具体的代码名称，如在事件处理函数子类下，有Mouse Click事件、Mouse Over事件、Mouse Out事件等。双击需要的代码名称，可以将其添加到"动作"面板中。

注意：需要将部分代码添加给舞台中的实例，在双击之前需要先选中该实例。

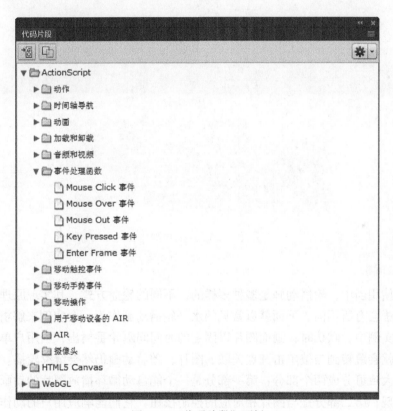

图8-14 "代码片段"面板

3．对象命名

如何为一个对象命名，在交互动画中是一项重要的工作。这里的对象可以是帧、元件实例、变量和函数等，它们各自有自己命名的位置。

1）帧：帧的命名实际上就是为帧添加帧标签。具体方法：先在时间轴上选中帧，然后在"属性"面板标签选项的"名称"文本框中输入名称。

2）元件实例：元件实例的命名，同样先要在舞台选中该实例，然后在"属性"面板的"实例名称"文本框中输入名称即可。

3）变量和函数等：变量或函数的命名主要在代码中进行。

在为对象命名时，可以结合对象的类型、用途等来进行。例如一个按钮，可以在名称中带上"btn"字样，这样的标识有助于阅读，也方便理解。同时，也需要遵循如图8-15所示的命名规则，具体如下：

1）符号：不能使用空格、特殊的标点符号，但可以使用下划线。

2）数字：名称中可以有数字，但不能以数字开头。

3）保留字：不能使用ActionScript中的保留关键字。

4）大小写：大小写敏感，所以要注意区分大小写字母。

需要注意的是，当一个对象的命名不符合规则，或者出现重复命名时，Animate不会自动识别或直接提示，所以在使用时需要特别留意。

图8-15　命名规则

4．实例解析

在实际使用当中，轮播动画是多种多样的，不同的轮播方式，其实现原理相近，但具体的实现方法会有所不同。下面就以常见的水平轮播动画作为一个实例来解析，如图8-16所示。在该实例中，默认时，画面图片以固定的时间间隔轮番播出；当用户单击下方的圆点按钮时，就会跳转到与被单击圆点关联的图片，随后动画仍然会继续轮播。这样的轮播动画的实现大致可分成两个部分：第一部分是一个能自动循环播放图片的动画，可以用影片剪辑来实现；第二部分是与图片相对应的控制按钮，它们能响应用户的动作行为，如单击，并根据用户的动作实现相应的跳转与播放。

实例"水平轮播动画"的主要实现过程如下：

1）导入素材：将图片导入并分散到各个图层，设置舞台大小与图片相同。

2）计算轮播时间长度：本例的设想是，在初始时，只有第1幅图处于舞台当中，其余图片都在舞台右外侧等候；每幅图片每次在舞台停留的时间为25帧；之后，再用5帧的时间将其移出舞台，同时会有新图片同步移入，同样停留25帧；这里还有一个细节就是，移出舞台的图片要重新回到右侧等待下一次移入，所以，带有3幅图的轮播，完成一轮需要90帧，或者说动画的时间长度可以定为90帧。

图8-16 实例"水平轮播动画"

3）实现图片自动轮播动画：将所有图层延长到第90帧，再为所有图层创建补间动画；隐藏其他图层，在图层1的第25帧和90帧，分别插入"位置"属性关键帧，在第30帧将图片水平向左移到舞台左外侧，在第31帧将图片水平移到舞台的右外侧，为下一轮的图片进入做好准备；锁定该图层，显示图层2，在第30帧插入"位置"属性关键帧，在第25帧将图片水平移到舞台右外侧，并复制该帧的属性给第1帧，在第55帧插入"位置"属性关键帧，在第60帧将图片水平向左移到舞台左外侧；同样，锁定该图层，显示图层3，在第60帧插入"位置"属性关键帧，在第55帧将图片水平移到舞台右外侧，并复制该帧的属性给第1帧，在第85帧插入"位置"属性关键帧，在第90帧将图片水平向左移到舞台左外侧；解锁图层1，将其第31帧的属性复制给第85帧，播放预览。

4）创建按钮元件：创建一个浅蓝色、无笔触的圆形按钮元件，名称为"圆形按钮"；在"指针经过"帧中，修改小圆的颜色，如为浅紫色。

5）向舞台添加按钮实例：返回场景1，新建图层，将"圆形按钮"拖入舞台，一共3次；利用"布局"面板排列好小圆的位置；按<Ctrl+Enter>键测试影片，现在按钮有色彩的变化，但还没有动作。

6）设置标签名并命名按钮实例：新建图层"标签"；结合前面的时间分配，分别在该图层的第1帧、第31帧和第61帧插入空白关键帧，同时为每个关键帧设置一个标签名，如"p1"等；接下来，为每个按钮实例取一个名字，如"btn1""btn2"和"btn3"等。

7）为按钮指定动作：在舞台选中按钮"btn1"，打开"动作"面板，单击其中的"代码片段"按钮，再在该面板中依次展开"ActionScript"→"事件处理函数"文件夹，再双击"Mouse Click 事件",这时在"动作"面板的代码窗格中会出现一些文字,其中灰色文字主要是注释,下面有颜色的文字是代码,将其中的"trance"替换成"gotoAndPlay",括号中写上需要跳转到的帧标签名"p1"(注意:要在英文状态下输入,且最后的结尾是分号)。对于其他两个按钮都做类似的添加,注意每次侦听的按钮、处理函数名称,以及跳转的标签名都是不一样的。按<Ctrl+Enter>键播放测试。

5. 重点代码分析

上面实例中添加的"Mouse Click事件",在交互动画中非常常见。它的组成主要有两个部分:事件侦听器和相应的事件处理函数。下面结合前面实例的代码片段(如图8-17所示)来分析其各部分的含义。

```
btn1.addEventListener(MouseEvent.CLICK, fl_MouseClickHandler);

function fl_MouseClickHandler(event:MouseEvent):void
{
    // 开始您的自定义代码
    // 此示例代码在"输出"面板中显示"已单击鼠标"。
    gotoAndPlay("p1");
    // 结束您的自定义代码
}
```

图8-17　代码片段

1)整个代码片段的功能是侦听按钮"btn1"的单击事件,如果侦听到按钮"btn1"被单击了,就跳转到"p1"标签处开始播放。

2)第一行代码的功能是为按钮添加事件侦听器。其中,"btn1"是按钮实例的名称,"addEventListener"是表示添加事件侦听器,圆括号中的内容是它的两个参数,"MouseEvent.CLICK"是表示单击事件,"fl_MouseClickHandler"是事件处理函数,它可以由用户自己定义。这一行代码综合起来的意思就是,由事件侦听器侦听按钮"btn1"的单击事件,如果侦听到了,就交由事件处理函数来处理,事件处理函数的处理功能则由下面的函数体具体定义。

3)由"function"开头,并用花括号括起来的代码,代表的就是事件处理函数的具体定义。其中,"function"表示是函数定义;"fl_MouseClickHandler"是函数名,它的名称要与前面的事件处理函数名称一致;括号中指明了事件类型是鼠标事件;"void"表示函数没有返回值;左花括号表示函数体定义的开始;"gotoAndPlay"表示跳转到后面括号里所指的帧,这里为"p1",并从那里开始播放;右花括号表示函数体定义结束。

要点提示

"帧标签"用在时间轴中的目的是为了方便定位;"实例名称"则用于舞台中的实例,其目的是为了区分实例;"元件名称"用于"库"面板中的元件,其目的是为了组织和标识各元件。在具体使用时要注意区分。

4)代码中以"//"开头的内容是注释,它们能对内容进行进一步的说明,方便用户阅读和理解,但它们不会被执行。如果需要进行连续多行的注释,可以以"/*"开头,以"*/"结尾。默认时,注释以灰色文字显示。

8.5 开关功能

1. 开关功能的含义

开关在我们的日常生活中随处可见，如手机的开关按钮、无线网络的触控开关等。在动画中，也可以模拟现实世界里的开关功能（如图8-18所示），让用户能通过开关来控制动画的播放状态。

链8-5 开关功能

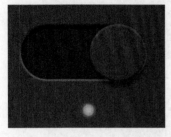

图8-18 开关动画

2. 隐形按钮

在动画中，开关功能也可以通过按钮来实现。前面已经介绍过，在Animate中，按钮元件一共有4个特定的帧，其中第一个"弹起"帧主要是定义按钮的正常状态，最后一个"点击"帧主要是定义按钮的可单击区域。如果再仔细分析可以发现，这4个帧是可以分别独立定义的，它们之间的内容可以相同，也可以不同。所以，如果按钮中定义有"点击"帧，而没有"弹起"帧时，按钮在正常状态下就会变得不可见，就会成为"隐形按钮"。有时为了方便用户使用，也会将隐形按钮根据画面中对象的形状来制作。

隐形按钮还可以用以创建热区，如图8-19所示，可以将隐形按钮放到不同的图片上，使每张图片都可以响应鼠标事件，而不必将每张图片都做成按钮元件。

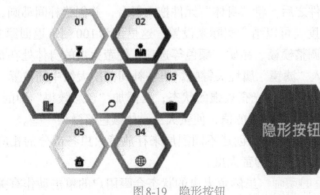

图8-19 隐形按钮

3. 实例解析

下面通过实例"萤火虫灯"（如图8-20所示）来熟悉交互动画中的开关功能，并且通过设置隐形按钮来实现开关功能。初始时，萤火虫的翅膀是闭合的，也没有发光；当单击萤火虫后，它的翅膀会打开，身体开始发光；若再次单击萤火虫，它的翅膀会闭合，身体也停止发光。由此可以发现，萤火虫本身就是个开关，它能响应用户的单击操作，并会根据当前所处的状态来判断要切换的新状态，这些状态包括打开翅膀、身体发光和闭合翅膀。

图8-20 实例"萤火虫灯"

实例"萤火虫灯"的主要实现过程如下：

1）准备素材：这里的素材主要是元件，即组成萤火虫各部分的部件，包括头部、右翅膀、左翅膀，还有身体。元件的类型可以为"影片剪辑"或"图形"，这里都采用了"影片剪辑"。

2）创建"发光动画"：萤火虫身体的发光是一种反复循环的动作，所以用影片剪辑元件来实现。创建好元件之后，将"身体"元件拖入舞台，并创建补间动画，持续时间长度会影响光亮的变化速度，可以结合实际来设置，这里设为100帧；返回第1帧，为身体添加"发光"滤镜，并调整模糊、品质、颜色等选项，使萤火虫的身体处在初始的未发光状态；在第100帧，插入"滤镜"属性关键帧，再在补间范围大约中间位置，调大模糊、强度的值，使萤火虫的身体处在光亮最强的状态；再添加"色彩效果"中的"色调"样式，颜色为"白色"，并适当调整色调的值，使萤火虫身体颜色略微淡一些。

3）布局素材：返回场景1，创建不同图层来存放萤火虫各部分的相应元件，并调整位置，使它们能构成一只完整的萤火虫。

4）创建一轮完整的动画：虽然萤火虫的状态会跟用户的单击动作有关，但总体来说有3种，即开启翅膀、身体发光和闭合翅膀，这样可以先创建这3种状态，然后根据用户的选择来选取不同的状态。开启翅膀和闭合翅膀的速度会比较快，所以所需的时间比较短，这里各用3帧；发光状态的时间是不一定的，但本实例用的是影片剪辑元件，有自己的时间轴，不受主时间轴的影响，所以时间的长短比较自由，这里用4帧的时间。在第10

帧选中所有图层后插入帧，并为左右翅膀各创建补间动画，调整变换点，右翅膀调到左上角、左翅膀为右上角；在两翅膀的第10帧，插入"旋转"属性关键帧；在第3帧，将两只翅膀分别旋转一定角度，以使萤火虫的身体部分能显现出来；在第8帧，同样插入"旋转"属性关键帧。对于萤火虫的身体部分来说，在翅膀开启或闭合的过程中，光亮变化很微弱，可以直接采用身体元件实例，而在翅膀开启之后、闭合之前，在本例，也就是第4～7帧之间，萤火虫的身体部分会有较明显的光亮变化，因此，采用发光动画的实例。在"身体"层的第4帧和第8帧分别插入关键帧，再将中间段替换成"发光动画"，并调整位置，使其与萤火虫的身体部分保持一致。最后，拖动播放头预览。

5）创建开关按钮：至此，整个动画还是个播放型的动画，用户还不能通过交互来控制画面。接下来添加两个按钮，一个用于开启翅膀，另一个用于闭合翅膀，开启翅膀是当翅膀处于闭合状态时使用，闭合翅膀是当翅膀处于开启状态时使用，这些按钮都属于"隐形按钮"，所以只需要定义"点击"帧即可。锁定其他图层，创建"按钮"图层，用钢笔工具沿萤火虫边缘绘制线条，最后闭合；调整线条形状，使其与萤火虫边缘接近，填充任意颜色，并删除边线，最后将其转为按钮元件"开启按钮"；打开该按钮元件，将关键帧移到"点击"帧，在"属性"面板中命名该实例，如"btn_open"；在第3帧，插入空白关键帧，并用类似的方法创建按钮元件"闭合按钮"，相应的实例名为"btn_close"。

6）添加动作：至此，按钮还不会响应用户的任何行为，需要为其添加一些响应动作。返回第1帧，打开"代码片段"面板，依次展开"ActionScript"→"时间轴导航"文件夹，双击"在此帧处停止"选项进行添加；在舞台单击开启按钮，切换到"事件处理函数"，双击"Mouse Click事件"，并将其中的代码改为"play();"；在第3帧插入空白关键帧，选中舞台中的"闭合按钮"，双击"代码片段"面板中的"Mouse Click事件"，并将代码改为"gotoAndPlay(8);"；在第7帧插入空白关键帧，修改代码为"gotoAndPlay(4);"；在第10帧插入空白关键帧，修改代码为"gotoAndPlay(1);"；最后，播放预览。

4. 重难点分析

本实例首先对萤火虫灯的3种状态进行了时间分配，分别是：

1）第1～3帧用来开启翅膀。

2）第4～7帧用来发光（因为是影片剪辑，所以实际发光时间不受此限制）。

3）第8～10帧用来关闭翅膀。

随后在不同的帧中添加了各种动作（如图8-21所示），包括：

1）在第1帧中：初始时用stop语句停止动画，同时为"开启按钮"添加侦听器；当侦听到"开启按钮"被单击时，就开始播放动画，随即会进入到发光状态。

2）在第7帧中：有个返回到第4帧的跳转，并且这个跳转不需要任何条件，因此，动画会一直在第4～7帧间播放，直到用户单击"闭合按钮"。

3）在第3帧中：为"闭合按钮"添加了侦听器，当侦听到"闭合按钮"被单击时，就跳转到第8帧，并从那里开始播放。

4）第10帧：当播放到第10帧时，就会无条件地跳转到第1帧，因为第1帧里有stop语句，所以动画会再次停止，同时又开始侦听"开启按钮"。

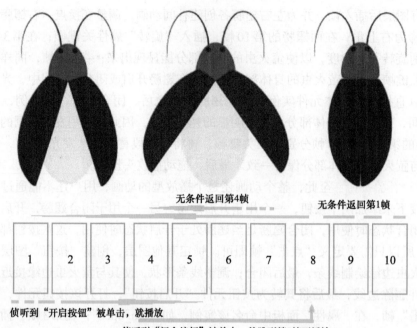

图 8-21 实例各帧的分配

　　这里的侦听是分开进行的，即当翅膀处于闭合状态时，需要侦听"开启按钮"，而当翅膀处于打开状态时，则需要侦听的是"闭合按钮"。所以，需要使用两个隐形按钮（如图 8-22 所示），并且处于关闭状态和处于打开状态的可单击区域是不同的。

　　萤火虫灯翅膀的展开与闭合属于旋转动作，两片翅膀是分别围绕着自己的变换点进行旋转的，即左边翅膀的变换点位于右上方，而右边翅膀的变换点位于左上方，如图 8-23 所示。

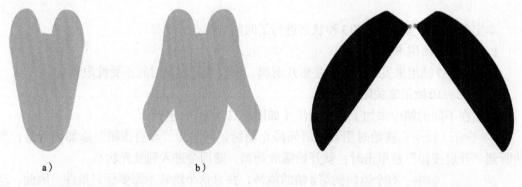

a)　　　　　　　　　b)

图 8-22 实例的隐形按钮　　　　　　　　　图 8-23 翅膀的变换点

实践与思考

　　如果要想实现萤火虫灯有多种颜色，并且用户可以自己选择发光颜色，该如何设计？

8.6 分类导航

1. 导航功能

导航可以引导用户按提示进行查找定位，有助于快速找到自己想要的目标。当想要表达的信息内容比较丰富时，就可以将它们按类别进行组织，并配合使用合适的图标或文字等进行描述，以方面用户能迅速识别，并做出自己的选择，如图8-24所示。有效的分类导航能提升用户的体验感和认可度。

链8-6 分类导航

图8-24 导航功能

导航常常用在主界面，并通过用户的单击行为进行跳转。同时，在跳转之后的界面中，通常也会添加能够返回到主界面的回跳按钮。

2. 实例解析

在交互动画设计中，分类导航也是常用的功能，它可以将多个相关的但种类不同的内容集中于一个界面，实现内容的分类与有效组织。下面就通过实例"四种性格类型"（如图8-25所示）来学习分类导航动画的具体实现方法。在初始界面中，有4幅图片分别代表4个类别；当用户将指针移向图片时，就会显示出类别的名称，指针离开图片，类别名称又会自动隐藏；当单击某幅图片，会显示出该类别的详细介绍，再单击右上方的关闭按钮，可以关闭详细介绍界面，返回到显示类别的初始界面。对实例稍做分析可以发现，画面中的图片就充当了按钮的角色，它们能对指针的悬停和单击做出回应；单击图片按钮后进入的介绍画面，则可以使用动画，并配合一些脚本语句来实现；出现在右上方的关闭按钮也是个按钮，通过它能让画面跳转到一开始的位置。

实例"四种性格类型"的主要实现过程如下：

1）准备：创建ActionScript文档并保存，根据图片大小修改舞台为830×540像素；将图片和声音文件导入到库。

2）创建类别按钮并布局：新建"按钮"元件"NF按钮"；在"弹起"帧拖动"NF"图片到舞台，选中"点击"帧并按<F5>键；新建图层"文字"，在"指针经过"帧按<F6>键，用矩形工具在舞台图片的下方画一个矩形；改用"文本工具"在矩形内拖动并输入文字，设置颜色、字体、字号、段落等，并适当调整位置；新建图层"声音"，在"按下"帧按<F6>键，将声音文件拖入舞台图片位置，这样，第一个按钮就创建好了。接下来，利用直接复制的方法创建其他按钮，修改文字，并通过交换元件的方法替换其中的图片按钮。最后，返回场景，将库中的4个按钮拖入舞台，并布局好。

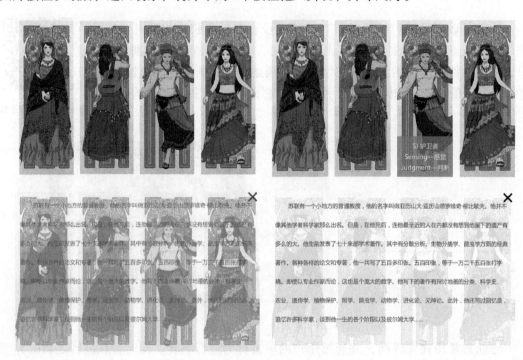

图8-25　实例"四种性格类型"

3）创建类别的详细介绍动画：因为这个实例最终出现的元素比较多，所以可以建立文件夹来分类管理。新建图层，用"矩形工具"画一个同舞台大小一致的矩形，并用"文本工具"输入介绍文字，调整好字体、字号、颜色、段落等属性；选中矩形和文字，将其创建为影片剪辑"NF介绍动画"。由于这里的文字是一种静态画面，作用相当于图片，所以也可以采用图形元件。同样，用复制的方法创建其他介绍动画，最后创建文件夹"详细信息动画"并将图形放入其中。

4）创建关闭按钮：新建按钮元件"关闭按钮"，利用"线条工具"绘制一个"X"形，在"指针经过"帧按<F6>键，并设置颜色为红色，在"按下"帧按<F6>键，并设置颜色为蓝色，在"点击"帧按<F6>键，绘制一个矩形，大小刚好能覆盖住"X"。这样，"关闭按钮"就创建好了。

5）布局素材：返回场景，重命名图层1为"按钮"，图层2为"详细介绍"，再将"详细介绍"的关键帧移动到第10帧位置；在第19帧按<F5>键，再创建补间动画；接下来，为动画添加一个淡入的效果，在舞台选中"NF介绍动画"，展开"属性"面板，将其透明度的Alpha值设为100，返回第10帧，修改其Alpha值为0；再利用复制、交换元件的方法创建其他动画，即选中现有补间范围，将其复制到第20帧、第30帧、第40帧，再分别在第20帧、第30帧、第40帧将"NF介绍动画"替换成相应的其他动画；接下来布局"关闭按钮",它是随着详细介绍动画的出现而出现的,新建图层"关闭按钮",在第10帧按 <F6>键,再将"关闭按钮"拖到舞台右上方,创建补间动画,在第49帧选中"关闭按钮",打开"属性"面板,设置其Alpha值为100,再在第39帧、第29帧、第19帧都插入"颜色"属性关键帧,在第10帧、第20帧、第30帧、第40帧修改Alpha值为0,在"按钮"图层的第49帧插入帧。

6)添加跳转并播放动作:为按钮添加侦听单击的动作,能让用户通过单击的方式来选择观看内容,而不再是线性地从头播放到尾。同样,这里需要明确两种对象:一个是用户单击了哪个按钮,另一个是需要跳转到哪里开始播放。所以,它们都需要有名称可以用,都需要命名。单击"按钮"图层,分别将该层的4个按钮命名为"NFBtn""NTBtn""SJBtn"和"SPBtn",将"关闭按钮"命名为"closeBtn";再新建图层"标签",将第1帧的标签设为"Normal",在第10帧、第20帧、第30帧、第40帧分别插入关键帧,并分别命名为"NF""NT""SJ"和"SP"。下面来添加侦听单击动作的代码,返回第1帧,选中"按钮"图层中的"NF"按钮,通过"窗口"菜单命令打开"代码片段"面板,为其添加"Mouse Click 事件",再将其中的"trace"一行,改成"gotoAndPlay('NF');",其中"NF"为标签名;再选中"NT"按钮,双击"Mouse Click事件",修改同样的代码,标签名为"NT";另两个按钮也是类似的修改;然后在第1行添加"stop();"命令。

7)添加停止和回跳动作:在"Actions"图层的第19帧、第29帧、第39帧和第49帧,分别按<F7>键添加空白关键帧,并分别输入代码"stop();"。最后,还剩下"关闭按钮"的动作,它的作用是每次弹出详细介绍以后,单击它就能重新返回第1帧,再次等待用户的选择。所以它也需要在第19帧、第29帧、第39帧和第49帧,分别侦听用户的单击动作;在"关闭按钮"层的第19帧,选中舞台中的"关闭按钮",双击"Mouse Click事件"为其添加侦听单击事件,将其中的"trace"一行改成"gotoAndPlay",标签名为"Normal",然后将生成的代码,分别复制给第29帧、第39帧和第49帧,适当修改函数名称。

3. 重难点分析

在本实例中,其实也可以将过程分为两大环节,第一个环节是在不同的时间点布局不同的内容,第二个环节是利用脚本实现不同帧之间的跳转动作,如图8-26所示。

1)在时间点布局内容:其中第1~9帧主要用来布局4个由图片创建的类别按钮;第10~19帧主要用来布局"NF"的详细介绍内容和"关闭按钮",并且这两者的可见性都会从第10帧的完全不可见,逐渐变到第19帧的完全可见;第20~29帧主要布局"NT"的详细介绍内容和"关闭按钮",同样也带有可见性的渐变过程;第30~39帧、第40~49帧则分别是"SJ"的详细介绍内容和"关闭按钮"、"SP"的详细介绍内容和"关闭按钮",同样也带有可见性渐变过程。

2)用脚本实现帧之间的跳转:首先利用stop语句将画面停止在第1帧,同时会侦听4个类别按钮的被单击动作;如果有侦听到类别按钮被单击,则会根据被单击按钮跳转到相应的详细介绍内容的帧并继续播放(gotoAndPlay),直到再次遇到stop语句,随后会停止在该帧，同时开始侦听"关闭按钮"的单击动作；如果"关闭按钮"被单击，则跳转到第1帧。

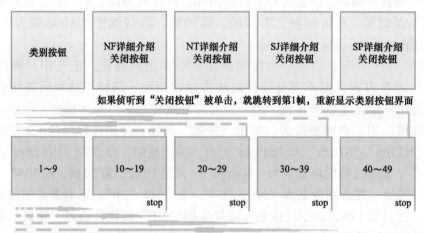

图 8-26   实例帧之间的跳转说明

知识拓展

如果"库"面板中的元素比较多，可以创建文件夹进行管理。具体操作方法：在"库"面板的空白处右击，在弹出的快捷菜单中单击"新建文件夹"命令，再输入文件夹名称。如果需要将现有元素放入文件夹，可以先选中元素，然后将其拖入文件夹即可。

想要调整元件的类型，可以在该元件上右击，在弹出的快捷菜单中单击"属性"命令，再选取需要的元件类型即可。需要注意的是，舞台中的实例还会继续保持原有的类型，如果需要修改，则需要在舞台中选中该实例，并在"属性"面板中进行修改。

本 章 小 结

本章主要介绍了交互动画基础知识、按钮元件、脚本语言基础，以及显示与隐藏、轮播动画、开关功能和分类导航等比较常见的交互动画功能。按钮是一种具有4个特定帧的元件，常出现在交互动画中，它是用户与动画之间的沟通桥梁，实现两者间的信息传递，在交互动画中有着极其重要的作用。脚本语言能根据用户给出的动作请求，在动画不同的帧之间跳转，实现更丰富的交互功能。

练习与思考

↘单选题

1. 如果需要为一个对象添加停止动作，则需要用到（   ）面板。

A. 库　　　　　B. 属性　　　　　C. 工具　　　　　D. 动作

2. 当为帧添加了帧标签，则会在该帧出现（　　）。

A. 字母a　　　　B. 蓝色底纹　　　C. 红色旗帜　　　D. 绿色旗帜

3. 在按钮的帧中，运行期间不可见的是（　　）帧。

A. 弹起　　　　　B. 指针经过　　　C. 按下　　　　　D. 点击

4. 在ActionScript脚本语言中的语句以（　　）结尾。

A. 句号　　　　　B. 逗号　　　　　C. 分号　　　　　D. 冒号

5. 以下关键词中表示函数的是（　　）。

A. namespace　　B. void　　　　　C. this　　　　　D. function

↘思考题

1. 按钮元件有什么特征？它与影片剪辑元件有什么异同点？

2. 请结合书中实例，或查阅相关资料，总结stop、play、gotoAndPlay、gotoAndStop、nextFrame、prevFrame等时间轴导航语句的含义和用法。

第 9 章

媒体及高级图层

学习目标

- 了解声音的基础知识；
- 熟悉声音的使用与编辑；
- 掌握视频的基础知识；
- 学会视频组件的使用；
- 掌握摄像头图层的使用；
- 掌握3D的相关知识；
- 理解图层的深度；
- 掌握图形元件的基础知识；
- 学会图形元件的使用。

9.1 使用声音

1. 声音的基础知识

声音是动画的常见元素，它能增添表现力，使动画的呈现更丰富、更立体。声音是波的一种，通常也用波形来表现（如图9-1所示），振幅表示音量的大小，用频率表示音调的高低，而波形则决定着音色。

链9-1 使用声音

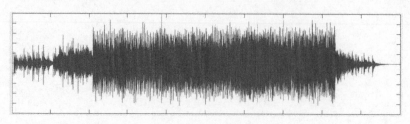

图9-1 声音的波形图

常见的声音文件格式有.mp3、.wav、.wma等，可通过"文件"菜单将其导入。向Animate中导入声音文件时，这些文件将被保存在"库"面板中，当需要时，可以将它们从"库"面板拖入舞台。如果在"库"面板中单击选中声音文件，在"库"面板的上方就会显示出相应的波形，如图9-2所示，单击右上方三角形的播放按钮就可以试听声音。

在Animate中，声音的播放方式可以分为以下两种：

1）同步方式：声音和画面被关联到时间轴，并同步进行播放，即当画面停止时，声音也会同步停止。这是动画片的常用方式。

2）事件触发方式：声音与画面不一定同步，当声音被事件触发以后，就会独立播放。例如，当画面停止时，声音仍然可以继续播放。

声音播放方式的具体设置，在"属性"面板"声音"选项的"同步"下拉列表框中进行（如图9-3所示），一共有4个选项，包括事件、开始、停止和数据流。

图9-2 "库"面板中的声音波形

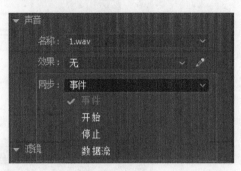

图9-3 声音的"同步"下拉列表框

1）事件：表示以特定的事件来触发声音，它会从开始关键帧播放，并独立于时间轴中帧的播放状态，直到整段声音结束。常用于设置简单的按钮声音或循环的背景音乐。

2）开始：与事件类似，但它不会在已经播放声音时再次触发声音。

3）停止：也属于事件触发方式，用于停止声音。通常用在有播放跳转的交互动画中。

4）数据流：表示声音以同步的方式进行播放。如果需要停止声音，可通过插入空白关键帧的方式来停止。

知识拓展

Animate对导入的声音有格式上的要求，若发现不能导入，可以尝试用格式转换工具进行转换。

将声音拖入舞台后，舞台中并不会显示波形，而是在时间轴相应图层的帧区域显示波形。

声音需要添加在关键帧中。

声音可以与其他对象共享图层，但一般建议将声音放在单独的图层中。

2. 声音的编辑

有时导入的声音素材并不能完全符合需求，这就需要对声音做些修改。具体操作方法：在时间轴中选中声音的任意一帧，在"属性"面板中单击"效果"选项后的铅笔状按钮图标，打开"编辑封套"面板（如图9-4所示），在这里可以对声音做些简单的编辑。

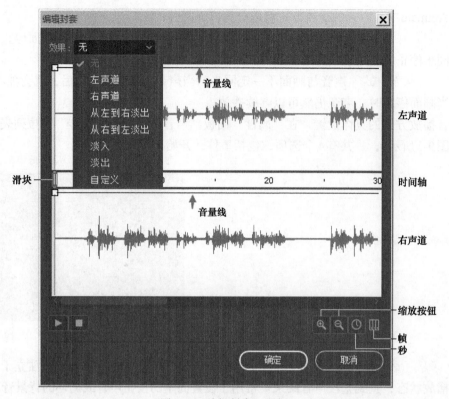

图9-4 "编辑封套"面板

在"编辑封套"面板中，上下两个波形分别代表着左声道和右声道，在其上方有各自的音量线，拖动它能调节音量；在两声道的中间是时间轴，默认的单位为"秒"，若要显示为"帧"，可单击下方的"帧"按钮；缩放按钮可以缩放声音波形；拖动时间轴中的滑块则可以裁剪波形；在"效果"下拉列表框中有一些预设，如左声道、右声道、淡入、淡出等，可直接使用。

知识拓展

"编辑封套"面板中的各种编辑是非破坏性的，它只是改变了声音在动画中的播放效果，不会影响库中的声音文件。

3. 实例解析

声音作为一门独特的艺术形式，在影视、动画中占有重要的地位。下面就通过实例"看单词选动物"（如图9-5所示）来学习如何在动画中使用声音。

当打开动画以后，会出现画面并伴有背景音乐；画面中散布有许多动物和一个单词，如果用户将指针移向某个动物，就会发出声响；如果用户单击某个动物，且动物与单词含义对应，就能听到一个音效，同时会显示出下一个单词，用户可以继续根据单词选择相应的动物；如果用户单击的动物与显示的单词不一致，则不会出现下一个单词。由此可以看出，这是一个交互动画，画面中的每一种动物其实都是按钮，它们可以接收用户的单击并给出判断：如果用户的单击正确就播放一个音效，随后给出后续的单词继续让用户选择；如果用户的单击不正确则没有音效，也不会出现后续的单词。这样的判断可以通过编写代码来实现，并在合适的位置放置好各种声音。

图9-5 实例"看单词选动物"

实例"看单词选动物"的主要实现过程如下：

1）准备素材：主要包括树干图片、动物图片，以及由动物图片创建的各种按钮。

2）导入声音素材：单击"文件"菜单中"导入"下的"导入到库"命令，将"按钮音效.mp3""背景音乐.wav"和"成功音效.wav"导入。

3）为按钮添加声音并调整"按下"帧：本实例的期望是当指针经过按钮时就发出声音，当单击按钮时按钮的位置略微发生些位移，所以声音需要添加到"指针经过"帧。打开任意一个动物按钮，按<F6>键复制关键帧给后面两个帧，将"按下"帧中图片的位置略微往右下方移动；选中"指针经过"帧，将"按钮音效"拖入舞台，单击时间轴中声音的任意帧，在"属性"面板中将"同步"设为"事件"。对其他的动物按钮都做类似的添加和调整操作。

4）在时间轴布局素材：在最底层，可以绘制一些山峰、河流、陆地等内容作为背景，同时导入"树干"以备用；往上一层放的是各种动物按钮，可以为每个按钮添加深灰色的"投影"滤镜以增添立体感，并且为每个按钮都设置实例名称，方便后续的代码识别；第三层放的是单词，它们依次排列，每个单词的前5帧会由模糊变清晰，之后会持续9帧的时间；最顶层是代码层，后续增补的代码会在此添加。

5）添加背景音乐：在"背景"层上方新建图层"背景音乐"，再将库中的"背景音乐"拖入舞台，这里的声音不需要与画面保持同步，但期望它能自动循环播放，因此将其"同步"设为"事件"。如果需要调整背景音乐的音量，可以打开"编辑封套"面板，并将左右声道的音量线往下拖动，满意后单击"确定"按钮返回。

6）添加代码与音效：在"单词"层上方新建图层"音效"，它的作用是为用户的正确选择提供音效；在第5帧给出一个停止语句，并在舞台选中老虎按钮，展开"代码片段"面板，为其添加"Mouse Click事件"，然后在脚本中将"trace"更改为播放语句；将音效放在第6帧，并通过"编辑封套"面板将其前面的空白音裁剪掉，"同步"方式仍为"事件"，持续时间为15帧；后续的操作都跟刚才的操作类似，可以用复制、调整的方法；最后，把帧截止在第105帧的位置，并让最后的画面停止在此处，所以还需要有个停止语句，单词也不需要了。

7）代码修正：现在来做一个测试，重复单击已经正确判断过的按钮。例如，前面老虎按钮已经正确通过了，现在再次单击它，可以发现，尽管按钮与单词并不对应，但动画仍然正常播放。所以，需要对代码做一些修正，在play语句的前面加上一个if判断语句，指定只有当帧的位置满足一定条件时，才继续播放，即单击老虎按钮时，帧必须在第1~14之间，单击骆驼按钮时，帧必须在第15~29之间，其余的依此类推。

4．重难点分析

在本实例中，随着时间的推移，各按钮的侦听动作也在不断添加，如图9-6所示。而正确判断过的按钮都是已经添加了侦听的按钮，所以当其被单击时，如果不加以限制，就会无条件地执行里边的动作语句play，继续播放。所以，在代码修正时，在play语句的上一行要添加if判断语句（如图9-7所示），即只有当帧在规定范围内时，才会执行播放语句play，否则就不会播放。

tiger. addEventListener

           camel. addEventListener

                  lion. addEventListener

                            elephant. addEventListener

                                    monkey. addEventListener

图9-6　侦听器被持续添加

```
tiger.addEventListener(MouseEvent.CLICK, fl_MouseClickHandler_5);
function fl_MouseClickHandler_5(event:MouseEvent):void
{
    if(currentFrame>=1 && currentFrame<15)
    {
        play();
    }
}
```

图9-7　增添的if语句

在该if语句中，currentFrame代表着播放头当前所处的位置，&&代表"并且"的意思，这一段语句合起来就是，如果播放头位于第1~15帧之间（不包括第15帧），那么就运行play语句，继续播放动画，否则就不运行play语句。其他按钮的if语句也都与此类似。

知识拓展

    如果要将一个声音从时间轴中删除，只需在时间轴选中该声音所在的任意帧，然后在"属性"面板的"声音"选项的"名称"下拉列表框中选择"无"即可；也可以选择其他声音进行替换。

9.2 使用视频

1. 视频的使用

视频是一种非常常见的动态影像，它能加入到动画，为用户呈现丰富的视觉内容，如图9-8所示。

链9-2 使用视频

图9-8 视频

与音频类似，在Animate中使用视频，首先需要将其导入。导入的方式有多种，这里介绍常用的两种。

1）使用视频组件来播放外部视频：这时的视频其实并不会加载到库当中，只是在组件和视频之间指定了关联关系，即在组件中添加了对视频文件的引用。其特点是动画文件和视频文件彼此独立。

2）将视频直接嵌入到时间轴中：这时的视频文件将被加载到库当中，它的播放也将有赖于时间轴的长度，通常适合时长较短的视频文件，并且视频文件的大小将影响动画文件的大小。

Animate对导入的视频有编码与格式上的要求。当采用视频组件的方式导入时，要求视频的编码应为H.26x系列的标准编码，目前主流的编码为H.264，常见的如MP4格式（如图9-9a所示）；当采用直接嵌入的方式导入时，则要求视频必须为FLV格式（如图9-9b所示）。如果遇到不被支持的格式或视频无法导入，可以考虑借助一些工具来转换视频格式，常见的转换工具有格式工厂、Adobe的MediaEncoder等。

a） b）

图9-9 视频格式

2. 视频组件

视频组件是一种已打包的、可重用的功能模块，其功能类似于常见的视频播放器，能提供对视频的控制功能，如播放、暂停、控制音量等。其界面类似于图9-10所示。

图9-10　视频组件

　　要使用视频组件加载视频，可以由系统提供的向导来引导完成，如图9-11所示。单击"文件"菜单中"导入"下的"导入视频"命令，在打开的视频导入向导界面（如图9-11a所示）中选中"在您计算机上"选项中的"使用播放组件加载外部视频"单选按钮，并单击"浏览"按钮，选取要导入的视频后，单击"打开"按钮，会出现"设定外观"界面，在这里可以为组件选取外观，按向导提示操作，最后单击"完成"按钮。

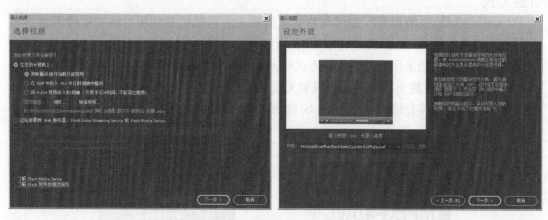

图9-11　视频导入向导

　　完成视频的导入后，视频组件就被添加到了舞台，同时该组件也会出现在"库"面板当中。视频组件的属性与用法和元件非常相似。如果想要对视频组件的属性做些修改，可在"属性"面板中单击"显示参数"按钮，打开"组件参数"面板（如图9-12a所示），然后找到相应的组件参数来进行修改。例如，想要调整组件的外观皮肤，只需在"skin"选项后面单击修改按钮，重新选取外观皮肤即可。

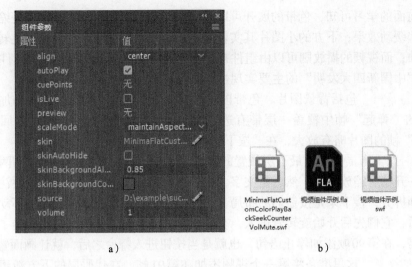

a) b)

图9-12 视频组件的参数及外观文件

当以使用组件方式导入视频并发布文件后，在项目文件夹中会多出一些.swf文件（如图9-12b所示）。这些文件其实就是视频组件的外观文件，它们会随同发布动画的.swf文件一起自动生成。为方便后续的部署工作，建议视频文件使用相对路径，即将视频文件存放到与.fla同级的文件夹或其下级子文件夹中，这样视频组件的源会记录视频的相对路径。

3. 实例解析

下面通过实例"中国新四大发明"（如图9-13所示）来熟悉视频的具体使用。在播放之初有一段简短的片头，包括色带的展开、动态文字和一些小图片；当将指针移向这些小图片时，其亮度发生变化；当单击某个小图片，就会转到相应的播放界面，并自动开始播放与该小图片对应的视频；单击右下角的按钮，可以返回到上一个界面，用户可以再次选择。

图9-13 实例"中国新四大发明"

　　结合前面的学习可知，色带的展开可以用横向缩放来实现；动态文字也是缩放，但还需要添加些缓动效果；下方的小图片其实就是一个个按钮，当单击它们时就跳转到播放对应视频的帧；而视频的播放则可以由组件来控制，这里的视频采用的是视频组件的方式。

　　实例"中国新四大发明"的主要实现过程如下：

　　1）准备素材：包括背景图片、色带以及静帧画面创建的按钮等。为了增加动效，在按钮元件的"弹起"帧中覆盖一层带有透明度的黑色"绘制对象"，在"返回"按钮中"指针经过"帧中的图片略有放大，在"按下"帧中图片略有缩小。

　　2）在时间轴布局素材：最下层放置的是背景图片，分前后两段；往上的两层是两条色带，在一开始有缩放动画；然后是文字，用了带有回弹缓动效果的缩放，要注意中间需要进行动画拆分；接下来是按钮们的布局，一开始它们都在舞台外侧并保持不动，当文字动画结束后，它们先后开始旋转着进入，在这里，外侧的转了一圈，内侧的转了两圈；最上层是代码，在第90帧添加停止语句，也就是当按钮进入舞台之后，就让画面暂停播放。

　　3）添加视频：这里准备将第一个视频添加在第91帧，在代码层的下方新建图层"视频"，并在第91帧添加一个空白关键帧，用视频组件将视频导入；第二个视频需要添加在不同的关键帧中，如第95帧，用相同的方法导入其他三个视频到不同的关键帧。

　　4）添加跳转动作：前面在片头播放结束后添加了停止动作暂停播放，因此，要播放视频就需要有一个跳转动作，这里的跳转就可以通过按钮的单击来实现。为便于记忆和阅读，这里为每个视频所在的帧设置一个标签，并为每个按钮实例也分别取相同的名字；将播放头放置在第90帧，选取第一个按钮，为其添加"Mouse Click事件"，将其中的"trace"改为"gotoAndStop"，并加上跳转标签；为其他三个按钮也都添加类似的动作，这里也可以用复制与修改的方法。

　　5）添加返回按钮：在代码层的下方添加"返回按钮"图层，在第90帧添加空白关键帧，再将库中的"返回"按钮拖到舞台右下角并命名。在第90帧同样为其添加"Mouse Click事件"，将其中的"trace"改为"gotoAndStop"，跳转到第90帧。但因为这个按钮是在播放视频时返回用的，所以它只需要在视频播放时显示即可，所以在第90帧将其可见性"visible"设为"false"，而在第91帧、第95帧、第100帧和第105帧都是要可见的，即这几个地方的可见性要设为"true"。

　　6）代码修正：此时进行播放测试，可以发现，当单击返回按钮后，视频画面消失，但声音并不会立刻停止，所以还需要在返回语句之前，加上停止所有声音的语句"SoundMixer. stopAll();"。

　　7）做些修饰：为了画面更加协调，为返回按钮设置些灰度；舞台中的视频组件，拥有与元件实例相似的属性，也可以做些修饰，如添加滤镜"投影"等。

> 知识拓展
>
> 　　如果要使用嵌入方式导入视频，要注意视频的时间不能过长，以免出现声画不同步；导入时，可以先创建影片剪辑元件再导入，也就是将导入的视频创建成一个元件，这样可以为后续的处理带来诸多方便。
>
> 　　如果是HTML5文档，则只能使用视频组件方式，并且需要手动将视频组件从组件窗口拖入舞台，然后在"属性"面板的组件参数中，将视频组件的来源设置为需要的视频。

9.3　摄像头功能

1. 基础知识

在现实世界里，可以用摄像机进行纪录，并通过镜头来调整出现在画面中的内容。在 Animate 中，同样也有摄像头，它能模拟真实摄像机的运动，如镜头的推、拉、移、摇等，进而实现对画面的整体调节，如图9-14所示。

链9-3　摄像头功能

图9-14　摄像头

要使用摄像头，首先需要启用摄像头图层，常见的启用方法有以下两种：

1）在时间轴中单击"添加摄像头"按钮，使其处于按下状态。

2）单击"工具"面板中的"摄像头"按钮，使其处于按下状态。

启用摄像头图层以后，可以发现摄像头图层位于所有图层的上方，在舞台中还会出现摄像头的控制控件（如图9-15a所示），左侧的两个按钮可以在"旋转"和"缩放"间切换，右侧的滑块则可以调整旋转或缩放的变化值。这些值也可以在"属性"面板的"摄像头属性"选项中进行调整，包括位置、缩放和旋转（如图9-15b所示）。利用摄像头还能调整画面的色彩效果，如色调（如图9-15c所示）、亮度（如图9-15d所示）等。

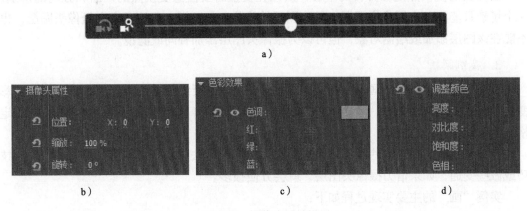

图9-15　摄像头属性设置

如果不需要摄像头图层，则可以将其关闭，方法同样为单击时间轴中的"删除摄像头"按钮，并使其处于弹起状态。

要点提示

注意："删除摄像头"按钮实际上是起关闭的作用，若要真正删除摄像头图层，可以用"删除"按钮。

2. 摄像头图层

摄像头需要高级图层的支持，如果"添加摄像头"按钮不能使用，可以在文档属性的"高级设置"中检查，有没有选中"使用高级图层"复选框，如图9-16a所示。

如果一个图层中的内容不需要随摄像头变化，则可以将其附加到摄像头，如图9-16b所示。"附加到摄像头"功能可以理解为，让该图层中的对象随摄像头一起运动，从而形成这些对象似乎不受摄像头影响的效果。

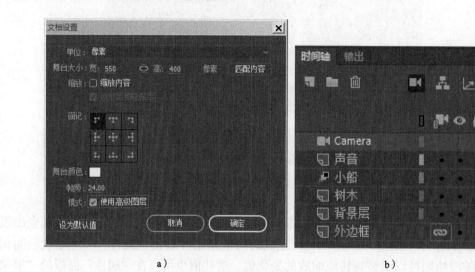

a)　　　　　　　　　　　　　　　b)

图9-16　高级图层与附加摄像头设置

摄像头的变换点是在舞台的中心，所以在变换时要注意变换点的判断和方向的辨别。一个场景只能有一个摄像头图层，且该图层始终位于最顶层。无法重命名摄像头图层，也不能在该图层添加或绘制对象，但可以为摄像头图层添加补间或滤镜。

3. 实例解析

下面通过具体实例"画"（如图9-17所示）来学习摄像头的使用。一开始画面有色彩变化，随后是缩放与摇晃，紧接着驶入一艘小船，在一声照相机拍照的音效之后，画面定格成为一幅画。

在本实例中，或许有些动作仍可以用前面所学的方法来实现，但需要采取一些处理技巧或做些变通，如果借力摄像头图层，就会方便很多。

实例"画"的主要实现过程如下：

1）准备素材：创建"背景层"，绘制山峰、云朵、太阳、绿地、河水等内容；在其上创建树木、小船和外边框三个图层，并在各图层绘制与图层名称相应的内容；最后，添加"声音"图层，所有图层持续时间设为370帧。

图9-17　实例"画"

2）添加摄像头图层：单击"添加摄像头"按钮。在本例中，"外边框"不需要随摄像头一起变化，所以单击"附加到摄像头"按钮将其附加到摄像头，并将"外边框"图层移至最底层。

3）设置摄像头图层：为摄像头图层创建补间动画。画面一开始是聚焦在太阳上，所以首先需要放大镜头，并调整其位置，使太阳能铺满整个画面；再将整体色彩调暗，在"属性"面板"色彩效果"选项中，单击"调整颜色"前方的"眼睛"图标，使其处于按下状态，将"亮度"和"对比度"均设为-100；在第25帧插入所有属性关键帧，再将这些"亮度"和"对比度"恢复为初始值0；在第50帧插入所有属性关键帧，将画面再次缩小，使其能见整个太阳和云朵；在第75帧，继续缩小并调整画面使其能见到山和绿地；接下来是边旋转边缩小的过程，先设置两头的关键帧，在第90帧和第215帧，分别插入全部属性关键帧，将第215帧处的缩放设为150%，位置略微往左下角移动；第110帧转5°，第130帧为0°，150帧为-3°，170帧为0°，185帧为2°，200帧为0°；在第230帧和第330帧，将缩放设为100%，第350帧设为63%；这里先为小船的运动预留大约100帧的时间，再将各帧的画面位置调整为与舞台相同。

4）设置小船的运动：为小船创建补间动画，并在第230帧和第315帧分别添加位置关键帧；在第230帧，将小船水平拖到舞台左外侧，再将该帧的属性复制给第1帧，使其一开始一直停留在舞台的左外侧；最后在小船停止前行的附近，为"声音"图层增设关键帧，并添加拍照音效。

5）调整摄像头各属性曲线：预览效果满意后，就可以开始调整各属性曲线，以使整个变化过程看起来更流畅、更自然。双击摄像头图层的补间范围，打开动画编辑器，现在各属性曲线都是一条条折线，可以调出锚点的控制点来调整它们的形状，使其成为一条条曲线。

开启摄像头图层之后，在该图层舞台的操作实际上是对摄像头的操作，而我们又是透过摄像头来看画面的，所以在具体操作时要注意调节方法的不同。

9.4　三维空间效果

1. 三维空间

相对于二维的平面表现，三维的空间效果具有更好、更强的视觉感受，因此在二维的平面中也会追求三维的空间表现。例如，可通过透视、光影、色彩处理等变化，在二维平面中营造出三维的立体空间感，如图9-18所示。

链9-4　三维空间效果

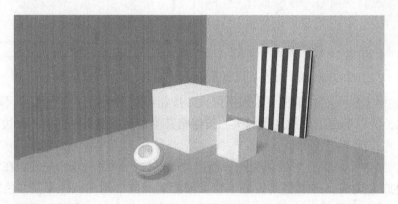

图9-18　三维空间

虽然Animate是一个二维的动画软件工具，但它也具备一些三维空间表达能力。例如，在系统提供的图层深度实例中（如图9-19所示），当镜头移动时，不同远近的对象其移动速度也不同，近处的对象比远处的对象移动得更快，这与实际观看时的运动规律是一致的。可见，Animate也能展现三维的立体空间感。

图9-19　图层深度实例

2. 三维基础知识

使用三维空间首先需要熟悉三维坐标系。三维坐标系比二维坐标系多了一个代表纵深的Z轴，如图9-20所示。X代表左右空间，舞台的左边缘平面为X=0；Y代表上下空间，舞台的上边缘平面为Y=0；Z代表前后空间，舞台平面为Z=0。

下面来熟悉3D工具，包括3D平移和3D旋转两种。

1）当一个对象应用了3D平移工具，就会在其上方出现一个彩色的坐标轴（如图9-21a所示），拖动相应的轴就能改变对象在坐标系中的位置。其中，红色箭头改变X轴，绿色改变Y轴，蓝色改变Z轴。要在3D空间中移动对象，也可以在"属

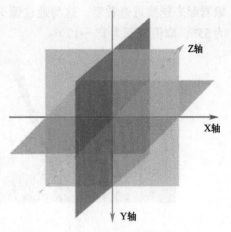

图9-20 三维坐标系

性"面板的"3D定位和视图"中调整X、Y、Z的值，如图9-21b所示。在Z轴上移动对象时，对象的外观尺寸会发生变化，这种变化会体现在"属性"面板"3D定位和视图"中的"宽"和"高"的值，它们都是只读的。

2）当一个对象应用了3D旋转工具，就会在其上方出现一个彩色的圆形靶子（如图9-22a所示），拖动相应的线或圆就能改变对象在坐标系中的角度。其中，红色表示绕X轴转，绿色绕Y轴转，蓝色绕Z轴转，最外层的橙色圆表示自由旋转，可同时绕X和Y轴转。在3D空间中旋转对象，也可以通过改变"变形"面板"3D旋转"中的X、Y、Z值来进行，如图9-22b所示。如果想要调整旋转工具的中心点位置，可以直接用鼠标拖动中间的圆心调整，也可以在"变形"面板的"3D中心点"选项中调整。

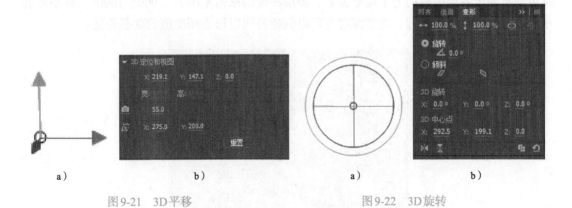

a)　　　　　　　b)　　　　　　　　　a)　　　　　　　b)

图9-21　3D平移　　　　　　　　图9-22　3D旋转

最后，再来熟悉消失点和透视角度的含义，如图9-23所示。

1）消失点：用以确定透视图中的水平平行线汇聚于何处。如当顺着通道方向去看两侧的墙面时，两个平行的墙面会在远处汇聚于某一点，这个点在透视图中就叫作消失点。在Animate中，消失点能控制对象的Z轴方向，当增加对象的Z轴值时，对象就会朝着消失点后退。默认时，消失点的位置为舞台中心。

2）透视角度：用以确定平行线能够多快汇聚于消失点，角度越大则汇聚得越快，对象看起来越接近查看者，这与通过镜头更改视角的照相机镜头缩放类似。默认的透视角度为55°，取值范围为1°～179°。

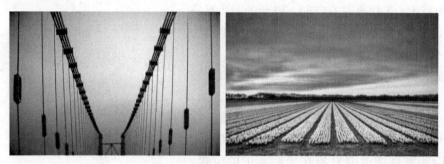

图9-23　消失点与透视角度

知识拓展

消失点和透视角度只对应用了3D平移或3D旋转的对象有效，每个文档只有一个“消失点”和“透视角度”。

3. 图层深度

除了通过Z轴来调整对象的纵深深度，还可以通过“图层深度”来调节。方法是在时间轴单击“调用图层深度面板”按钮，就可以打开“图层深度”面板，如图9-24所示。在该面板中，会显示出每个可见图层的图层深度值，并且每个图层都有唯一的图层颜色，右侧的图层色线已按照深浅度顺序排列，拖动它们也能调整图层的深度值。右上方“保持大小”按钮可在改变图层深度值时，使图层中对象的大小和位置等保持不变。利用图层深度可动态调节各层内容的上下层叠关系，图层深度的取值范围为-5000～10000，较小值表示更近，较大值表示更远。图层深度也可以创建补间以形成深度值的动态变化。

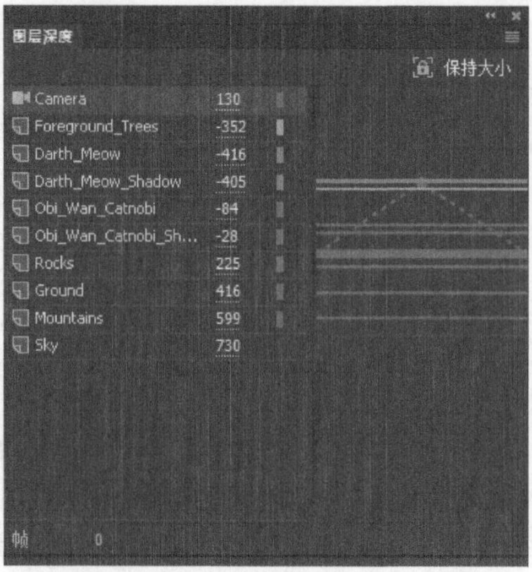

图9-24　“图层深度”面板

知识拓展

要使用图层深度同样需要开启"高级图层"选项，并且图层深度只适用于主时间轴。

4. 实例解析

下面就来看一个"移动的景物"实例，如图9-25所示。景物的移动速度因距离远近的不同而不同，期间会有人物出现并进入到门内，随后窗户被打开并飞出若干只鸟。门和窗户的打开都是在立体空间状态下完成的，所以需要用3D工具来完成这些动作，并利用代表纵深的Z轴来布局各种景物；而整个画面的移动则可以交给摄像头图层。

图9-25 实例"移动的景物"

实例"移动的景物"的主要实现过程如下：

1）准备素材：包括鸟、房子、房门、滑板人、窗户和花丛，元件类型都为"影片剪辑。其中，房子、门、窗户、花丛等可用画笔库里的笔刷绘制。例如，这里的房顶是由矩形变形得到的、门用的是圆角矩形、窗户用的是椭圆，只是这里所用的笔触相对比较大，填充面积都很小；花丛用的是椭圆和画笔，笔触可以略微粗一些。

2）布局素材：在时间轴中，最底层为一个径向渐变的背景层；其上依次为房子、房门、鸟、窗户、花丛和人物；利用3D工具调整它们的纵深坐标值，以确定其各自与舞台的前后距离，其中左侧花丛约为-75，中间的约为-35，右侧约为53，房子、房门、窗户和鸟的纵深基本接近，约为55；调整房门的变换点和旋转中心到左侧中间点，调整窗户的变换点和旋转中心到上方的中间点；所有层的持续时间设为230帧，并为人物、窗户、鸟和房门创建补间动画。

3）设置人物的动作：选用"3D旋转工具"将人物的初始状态以Y轴为轴心略微做些旋转，使其面向房门；在第105帧，用"3D移动工具"将人物移动到房门处，再用"任意变形工具"进行缩小，使其在视觉上处于房门当中，修改Y轴的旋转，用"选择工具"调整运动路径。

4）设置房门的动作：选取当人物接近房门时的帧并添加"旋转"关键帧；在其后约15帧处，将房门绕Y轴旋转一定角度，使其在视觉上呈现为打开状态；选取当人物进入房门时的帧，再将房门关闭，这时会发现，房门位于人物的后方，不能形成遮盖，解决的方法之一是调整图层的深度；回到房门打开后的关键帧，单击"调用图层深度"按钮，目前所有图层的深度值都为0，所以只要给"房门"设置一个负值，如-1即可。

5）设置窗户的动作：在关闭房门后约25帧处，添加窗户的"旋转"关键帧；在其后约15帧处，将窗户绕X轴旋转一定角度，使其在视觉上呈现为打开状态。

6）设置鸟的飞行动作：选取窗户未完全打开之前的帧，为鸟添加所有关键帧；在其后约35帧处，选用3D平移工具，将鸟拖放到舞台右外侧偏右上位置并略微放大，适当调整运动路径；利用复制的方法，再创建若干鸟的图层，随后调整它们的时间点、大小运动路径等参数；寻找一个鸟飞出窗户后的点，再将窗户关闭。

7）添加摄像头图层：单击"添加摄像头"按钮，并为其创建补间动画；在第1帧将摄像头移到左侧，使房子处于画面右侧；第230帧将摄像头移到右侧，使房子处于画面左侧；将背景色图层附加到摄像头图层。

9.5 图形元件

1. 图形元件概述

图形是Animate的三大元件类型之一。前面已经学习了影片剪辑和按钮，这一节就来看看图形元件有什么样的用途，它与前两者又有着怎样的联系和区别。

链9-5 图形元件

元件最大的优点在于可重复使用，并对文件大小的增长影响甚微。图形元件就非常适合静态图像的重复使用，或创建与主时间轴相关联的动画。如在图9-26中，树叶就可以创建为图形元件，然后重复使用，再加上树干，就构成了一棵树。

图形元件的创建方法与其他元件的类似，它在库中的图标由3个基本形状构成。相对于其他类型的元件，图形元件有以下特征：

1）没有实例名称，不能被脚本语言引用。

2）没有自己独立的时间轴，需要依赖主时间轴里相应的帧来播放。

3）添加的脚本或声音不会起作用。

图9-26　图形元件

此外，与影片剪辑元件相比，图形元件没有显示、滤镜等选项，但多了"循环"选项。

2. 循环选项

图形元件的"循环"选项，使其拥有了区别于其他元件的特征，如图9-27所示。

在"循环"选项中提供3种设置：

1）选项：在其中有"循环""播放一次"和"单帧"3种选择；"循环"表示参照主时间轴的帧数循环播放图形实例；"播放一次"则表示在完成一轮后就结束播放，不再循环；"单帧"则只播放实例中指定帧的内容。下面的"第一帧"可以指定起始帧的帧位置。

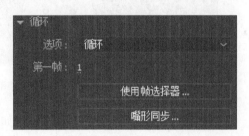

图9-27　"循环"选项

2）使用帧选择器：它允许从图形元件所拥有的帧中，选取指定的帧，并将其放入当前帧中。同时，同样可以选取循环、播放一次或单帧的模式。

3）嘴形同步：可以结合音频文件，自行进行唇形同步。

3. 实例解析

下面通过实例"Animate"（如图9-28所示）来进一步讲解图形元件的使用。正常状态下，画面中有单词、喇叭和注释图标。当将指针移向注释图标时，在其下方会显示出单词的中文注释，当将指针移开时，注释又会消失，这种效果可以用"Mouse Over事件"和"Mouse Out事件"实现。同样，将指针移向喇叭图标时，在其下方会出现一个三角形动画，右侧还有一个人物眨眼的动画；当单击喇叭时，右侧的人物会发出单词的声音，同时，口形也会随着发音而改变；而当指针离开喇叭图标时，人物动画会消失，三角形动画会停止。可见，这里除了"Mouse Over事件"和"Mouse Out事件"，还用到了"Mouse Click事件"；口形和三角形的动画，可以用图形元件实现。

图9-28　实例"Animate"

实例"Animate"的主要实现过程如下：

1）准备素材：包括背景图片、单词发音的声音文件、放有单词注释文本的影片剪辑元件，以及注释和发音两个按钮元件，并要注意这两个按钮的"指针经过"帧或"点击"帧需要重新定义；三角形和发音口形两种图形元件，其中发音口形需要根据发音需求定义好口形，并将它们放到不同的帧中，以方便后续的调用，部分口形需要将中间填充颜色，如白色；还有就是人物的形象，把它放到眨眼动画里，并把眼睛单独放在一个图层中，再利用形变做一个简单的眨眼动作。

2）准备动画：①三角形动画：本实例中，是由3个三角形组成的动画，每个三角形的运动状态，除了时间上的差异，其他的其实都是一样的，这就非常适合用图形元件来表现。新建图形元件"三角形动画"，将"三角形"拖入舞台并创建补间动画，再将时间延长至2s，将三角形水平往右移动；选中舞台中的三角形，在"属性"面板中添加透明度，并将其值设为0。②三角形串动画：因为后续需要通过脚本来修改其属性，所以需要创建成影片剪辑元件。从库中拖入三角形动画并设置时间为2s，复制图层两次并重命名，在48帧的时间内完成3个三角形动画，所以它们之间的间隔为16帧，选中第2个三角形将循环中的"第一帧"设为17，选中第3个将其"第一帧"设为33。③发音动画：同样，后续它也需要通过代码来修改属性，因此也创建为影片剪辑元件。从"眨眼动画"中复制人物形象，将其粘贴到当前帧，时间延长到1s的位置；新建图层"口形"

和"声音",选中"声音"图层,从库中拖入声音到舞台,并将声音的"同步"属性设为"数据流";锁定"人物"和"声音"图层,将"发音口形"拖入到"口形"层,并调整位置,使其与人物中的口形对齐,然后删除人物层中的口形;选取声音波形开始处的帧,选中舞台的发音口形,修改"属性"面板中"循环"选项为"单帧",再单击"使用帧选择器"按钮,根据当前的发音是æ,所以选取第2个口形;后续的选取也都根据声音里的音来选择;播放预览和试听,如果觉得不够合理,再做些调整;最后添加脚本图层,并在第一帧添加停止语句。

3)布局素材和实例命名:在时间轴中从下到上依次添加背景图、单词、两个按钮、注释文本、三角形串动画,以及人物眨眼和人物发音动画,并且人物发音和人物眨眼的位置要保持一致。其中,元件实例或需要添加侦听动作,或需要响应鼠标事件,因此都需要命名。

4)添加脚本:新建脚本图层,在初始时,除了两个按钮,其他实例都是不可见的,即需要将它们的可见属性"visible"设为"false";对于注释按钮,需要侦听"Mouse Over事件"和"Mouse Out事件",并根据这两个事件来调整注释文本可见与否;对于发音按钮,需要侦听"Mouse Over事件""Mouse Out事件""Mouse Click事件"3个事件,当"Mouse Over事件"被触发时,需要让三角形串动画和眨眼动画可见并播放;当"Mouse Click事件"被触发时,要隐藏眨眼动画,让发音动画可见并播放;当"Mouse Out事件"被触发时,要停止眨眼动画和三角形串动画,同时让眨眼动画和发音动画不可见。

知识拓展

从以上的设置可以看出,图形元件不但可以直接指定循环的类型和播放的起始帧,还可以通过"使用帧选择器"进行选择性播放,这为"唇形同步"等应用提供了基础。

本 章 小 结

本章主要介绍了声音的基础知识与使用方法、视频的基础知识与使用方法、摄像头图层的使用、三维空间与图层深度,以及图形元件的使用。声音和视频等媒体的加入和使用,能使动画的表达更多样、层次更丰富。摄像头图层和三维空间效果能模拟现实世界中的内容,让效果变得更真实、立体化。图形元件作为 Animate 的三种基本元件类型之一,能提供特有的功能,为特殊应用需求提供了可能。

练 习 与 思 考

↘ 单选题

1. Animate 中用来编辑声音的面板是(　　)。

A. 编辑声音　　　B. 编辑封套　　　C. 属性　　　D. 时间轴

2. SoundMixer.stopAll() 语句的作用是（　　　）。

A. 停止所有声音　　B. 停止所有视频　　C. 停止所有动画　D. 以上都可以

3. 一个场景中，可以添加的摄像头数量为（　　　）。

A. 1个　　　　　　　B. 2个　　　　　　　C. 3个　　　　　　D. 不受限制

4. 使用 3D 工具时，要求对象为（　　）元件的实例。

A. 影片剪辑　　　　B. 图形　　　　　　C. 按钮　　　　　　D. 以上均可

5. 在使用唇形同步时，通常会将图形元件的循环选项设为（　　）。

A. 循环　　　　　　B. 播放一次　　　　C. 单帧　　　　　　D. 以上均可

↘ 思考题

1. 当以异步的方式播放声音或视频，它们各自有哪些特点？需要注意些什么？

2. 图形元件有什么特征？哪些场合适合使用图形元件？

使用组件

学习目标

- 理解组件的含义与作用；
- 熟悉组件的类型与添加方法；
- 掌握组件的参数设置方法；
- 学会组件方法和事件的使用；
- 学会常见组件的使用方法；
- 学会组件常见属性的使用；
- 熟悉常见流程结构及语句；
- 学会合理选用流程语句；
- 熟悉变量及其使用方法；
- 熟悉类与函数的创建与使用。

10.1 组件基础知识

1. 组件的含义

组件通常出现在一些交互环节的界面中。例如，要发布一条微博首先就需要登录，在登录界面往往需要输入账号和密码，其中用来接收这些输入信息的文本框就是组件，输入完后单击的登录按钮也是组件，如图 10-1a 所示；又如，在一些设置界面中，可用复选框来表示要不要开启某项功能，用调节按钮来提供不同的选项等操作，这些复选框、调节按钮也都是组件，如图 10-1b 所示。

链 10-1　组件基础知识

由以上这些界面可以看出，组件是一种具有相对独立功能且可组装的对象，它能方便用户快速创建界面元素，提高工作效率。

2. 组件的分类

在 Animate 中，组件分用户界面和视频两类，其中用户界面组件通常也称 UI 组件。

1）UI 组件：前面列举的文本框、按钮等都属于这一类，它们主要用于创建界面。

2）视频组件：它们与视频有关，主要用来关联视频和提供多媒体控制，如能关联视频的视频组件、播放按钮、暂停按钮等。

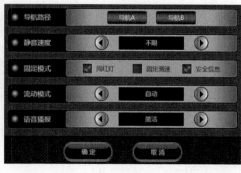

a）　　　　　　　　　　　　　　b）

图 10-1　组件

视频组件在前面章节已有介绍，本章主要介绍 UI 组件的功能与用法。

3. 组件的添加

要使用组件，首先需要将其添加到舞台。单击"窗口"菜单中的"组件"命令（或者按组合键 <Ctrl+F7>），打开"组件"面板，如图 10-2 所示。该面板中会呈现出两种类别的组件，单击类别前方的箭头将其展开，具体的组件就会在该类下方显现出来。这时，可以用两种方式来添加：

1）拖动：在需要添加的组件上按住鼠标左键，直接将其拖至舞台。

2）直接双击：在需要添加的组件上直接双击，也可以将其添加到舞台，并且默认时会添加到舞台的中央。

图 10-2　"组件"面板

添加完组件以后，会在"库"面板中同步添加该组件，同时还会导入该组件的资源文件夹（如图 10-3a 所示）；在"属性"面板中，默认显示的图标是"影片剪辑"，并且除了"显示参数"选项外，其余的属性和影片剪辑并没有太大的区别（如图 10-3b 所示），例如，同样可以在"色彩效果"中为其添加"色调"样式，在"滤镜"中为其添加"投影"效果等。

由此可见，在 Animate 中，组件具有与影片剪辑非常相似的特征。舞台中的组件其实就是该组件的一个实例，如果再拖动一次该组件，就会又多一个实例，所以组件也是一种可重复使用的对象。

4. 组件的参数设置

添加好组件以后，可通过设置参数来进一步调节组件的属性，使其更符合实际应用需求。设置参数的常见方法有以下两种：

1）在"组件参数"面板设置：在舞台中选中需要设置参数的组件实例，然后在"属性"面板中单击"显示参数"按钮，就会出现"组件参数"面板，在该面板中可对组件的一些常见属性进行设置。

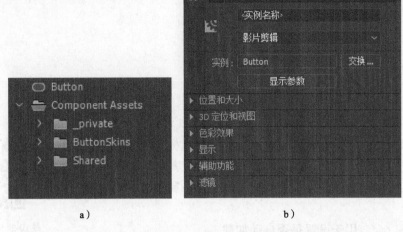

图10-3　组件在"库"面板与"属性"面板中的表现

2）通过编写代码设置：实际上参数面板中的每个属性，都有同名的ActionScript属性与其对应，所以也可以打开"动作"面板，通过编写ActionScript代码的方式来设置。

在组件的参数中，有些属性是大多数组件都有的，如用来设置组件显示内容的"label"属性、设置组件是否可用的"enabled"属性、设置组件是否可见的"visible"属性等；而有些属性则是个别组件所特有的，如按钮的"toggle"属性，它代表着要不要将按钮转为切换开关，默认时不选中，即表示按钮拥有普通按钮的行为，当将其改为选中状态时，则会将按钮转为切换开关，按一次处于按下状态，再按一次又处于弹起状态。

要点提示

　　注意：采用编写代码方式设置属性时，通常需要先给组件实例命名，然后用"实例名.属性名=值"的方式来具体指出是哪个实例、哪个属性，等号后面则是设置具体属性取值。设置好以后，需要播放测试，才能看到设置的结果。

　　用编码方式设置的属性值，会覆盖"参数"面板中的属性值。

5. 组件的方法和事件

除了拥有属性外，每个组件也都有自己的方法和事件。同样，有些方法或事件是大多数组件都有的，如addEventListener方法、CLICK事件等；而有些则是个别组件所特有的，如UILoader组件的load方法、COMPLETE事件等。

与影片剪辑一样，组件也可以通过编写代码的方式来使用方法和事件。如在图10-4中，用addEventListener方法为一个实例名为btn的按钮添加了事件侦听器，用来侦听鼠标单击事件，即CLICK事件；当事件被侦听到时，同样可以交给事件处理函数f1_MouseClickHandler来处理。除了CLICK事件，CHANGE事件也会经常被侦听，它会在组件的值发生改变时触发，其用法与CLICK非常相似。

```
btn.addEventListener(MouseEvent.CLICK, fl_MouseClickHandler);

function fl_MouseClickHandler(event:MouseEvent):void
{
    trace("已单击鼠标");
}
```

图10-4　为组件btn添加事件侦听器

10.2　UILoader 组件

1. UILoader组件简介

UILoader组件是一个容器，可以将照片、徽标等图片对象放入其中，并借助属性设置，让其将图片显示出来。在其"组件参数"面板中（如图10-5所示），除常用的enabled和visible属性外，还包括其他4个属性：

链10-2　UILoader组件

1）autoLoad：用于设置是否自动加载。

2）maintainAspectRatio：用于设置是否等比缩放。

3）scaleContent：用于设置是否缩放内容。

4）source：指定内容来源。

默认时，这些属性都处于选中状态。

UILoader组件除了以上显示在"组件参数"面板中的属性外，还可以使用addEventListener来侦听事件，使用load方法来加载内容，使用percentLoaded属性确定已加载内容的多少，使用complete事件确定何时完成加载。

图10-5　UILoader组件的参数

2. 变量

变量在代码编写中占有重要的地位，它能用来存储数据，在程序运行过程中其值可以改变。例如，一天当中的气温，从早到晚是不断变化的，它就可以用变量来表达。变量可通过"变量名"来访问，并且具有"数据类型"，在使用之前还需要先进行"变量声明"。

1）变量命名：在给变量命名时，需要遵循"命名规则"（详见第8.4节中的"对象命名"）。变量名虽然能使用汉字，但一般都会采用英文单词，例如书的价格，就可以命名为bookPrice，并且从第二个单词开始通常首字母大写，这样可读性更好。同时，还要注意变量命名的唯一性。

2）数据类型：ActionScript 3.0中变量的数据类型可以分为两大类：①简单数据类型，包括布尔型（Boolean）、数值型（整型int、实型Number，无符号整型uint）、字符串型（String）、空型（null）；②复杂数据类型，包括特殊类型（void）、对象（Object）、数组（Array）、影片剪辑（MovieClip）等。在使用时可以根据变量值的特征来选取数据类型，例如，一个产品是否合格，可以使用只有true和false两个值的布尔型，一本书的价格可以采用实型，而地址则适合用字符串型，并且其值需要用英文的单引号或双引号括起来。

3）变量声明：声明变量时使用var关键字，其语法为"var 变量名:数据类型;"，例如要声明一个变量"bookPrice"用来存放书的价格，可以写成

```
var bookPrice:Number;
```

注意：这里的标点符号都要求是英文状态下的。如果写成

```
var bookPrice:Number=30.5;
```

则表示在声明的同时，还给变量赋了初值，即等号前面是声明变量"bookPrice"为实型，等号之后是为该变量赋了一个初始值30.5。注意：赋予的值的类型要与前面声明时的数据类型一致。

3．数组

数组是ActionScript中常用的变量类型，它能存储具有共同特性的值，其声明的格式为：

```
var ary1:Array=new Array();
```

或

```
var ary1:Array=Array[];
```

其中，括号中也可以指明一些具体的内容，如new Array("梅","兰","竹","菊")，这样数组就有了4个元素。其实可以将数组想象为一连串带有编号的空间，这些空间中依次存放着定义数组时指定的内容。编号是从0开始的，当需要使用这些内容时，可通过编号来引用它们。如图10-6所示，这里存放在0号的是"梅"，存放在1号的是"兰"，那么在引用时就可以用ary1[0]来表示"梅"，用ary1[1]来表示"兰"等。

图10-6   数组及其访问方法

4．实例解析

下面通过实例"逐幅显示"（如图10-7所示）来熟悉UILoader的使用。初始界面显示有标题、初始画面以及两个按钮，其中"上一幅"按钮处于不能使用的状态；当单击"下一幅"按钮时，标题和画面都会发生变化，同时"上一幅"按钮也变得可用了；当到达最后一幅画时，"下一幅"按钮变得不能使用，如果单击"上一幅"按钮，同样又可以激活"下一幅"按钮；当到达第一幅画面时，"上一幅"按钮又变成不能使用的状态。

可以看出，这个实例的关键点在于，当按钮被单击时，如何让图片和文字做相应的改变，以及如何判断是否达到第一幅或者是最后一幅画面，从而让界面上的按钮做出相应的状态改变。

图 10-7　实例 "逐幅显示"

实例 "逐幅显示" 的主要实现过程如下：

1）准备工作：创建项目文件夹，再在其中创建 images 文件夹，将需要显示的图片文件放入 images 文件夹中；创建 ActionScript 文档并保存到项目文件夹；打开 "组件" 面板，将标签（Label）、UILoader 和按钮（Button）添加到舞台并布局好，其中按钮需要两个；选中舞台中的标签，在 "属性" 面板的实例名称文本框中输入 "lb_title"，选中舞台中的 UILoader，将其命名为 "ul_image"，并打开其 "组件参数" 面板，确保保持等比缩放（maintainAspectRatio）和缩放内容（scaleContent）两个复选框是被选中的；选中第一个按钮，将其 "label" 设为 "上一幅"，实例名称设为 "btn_prev"，第二个按钮的 "label" 设为 "下一幅"，实例名称设为 "btn_next"。

2）初始化设置：界面的初始化，可以在设计或编码时进行，这里采用在编写代码时进行设置的方式；在后面需要编写按钮的 CLICK 事件，所以这里利用按钮的这个事件自动生成一些内容，选中 "下一幅" 按钮，再打开 "代码片段" 面板，为其添加鼠标单击事件。现在先来处理初始化的内容，首先需要获得文件夹中各图片的名称，这里直接将图片名称存放在数组和变量当中；新建变量 images，类型为数组，即 Array，其中的内容为各图片的文件名称；新建变量 fileType，类型为字符串，值为 ".jpg"；还需要一个变量 currt 用来记录当前图片的位置信息，其初值为 0；接下来，对界面中的组件进行初始化，将上方的标题设为第一幅图的文件名称，中间 UILoader 组件的内容来源设为第一幅图，下方的 "上一幅" 按钮设为不可用，具体代码如下：

```
var images:Array=new Array(" 白露 "," 大寒 "," 大暑 "," 芒种 "," 清明 ");
var fileType:String=".jpg";
var currt:int=0;

lb_title.text=images[currt];
ul_image.source="images/"+images[currt]+fileType;
btn_prev.enabled=false;
```

3）处理按钮的单击动作：为响应用户的单击行为，需要修改按钮默认生成的处理函数。首先是"下一幅"按钮的处理函数，当它被单击后就会激活"上一幅"按钮，这时图片也需要更换到下一幅，所以将变量值加1，同时标题和UILoader组件的源都需要做相应的改变，然后还需要判断一下图片是否已经是最后一幅了，如果是，那么"下一幅"按钮就要禁用；同样，"上一幅"按钮也需要响应单击动作，这里也可以利用代码片段来生成部分内容，由于它需要完成的动作与"下一幅"按钮非常相似，所以可以先复制"下一幅"的代码片段，再做修改，它的单击会激活"下一幅"按钮，它的单击是向前变换图片，所以变量值是减1，最后它需要判断的是，图片是不是已经是第一幅，如果是，就需要禁用"上一幅"按钮。两个按钮的具体代码分别如下：

```
btn_next.addEventListener(MouseEvent.CLICK,fl_MouseClickHandler);
function fl_MouseClickHandler(event:MouseEvent):void
{
    btn_prev.enabled=true;
    currt++;
    lb_title.text=images[currt];
    ul_image.source="images/"+images[currt]+fileType;
    if(currt==images.length-1)
    {
        btn_next.enabled=false;
    }
}

btn_prev.addEventListener(MouseEvent.CLICK,fl_MouseClickHandler_2);
function fl_MouseClickHandler_2(event:MouseEvent):void
{
    btn_next.enabled=true;
    currt--;
    lb_title.text=images[currt];
    ul_image.source="images/"+images[currt]+fileType;
    if(currt==0)
    {
        btn_prev.enabled=false;
    }
}
```

知识拓展

"标签"组件（Label）通常用来为用户提供一些说明性的文字内容，它能让界面变得更友好，让用户的体验变得更好。标签的常见属性包括：

1）autoSize：表示是否根据文字的多少来自动调整自身的大小。

2）selectable：表示标签中的文本内容是否可被选择。

3）text：代表标签中要显示的文本内容。

4）wordWrap：表示当文本长度超过其宽度时要不要进行自动换行。

5. if 语句

if语句在条件判断时会经常使用，它通过判断条件表达式的值为true或false，来确定是否执行相应的语句组，if可以理解为"如果"的意思。if语句可以细分为单分支、双分支和多分支3种结构。

1）单分支：是结构最简单的条件判断语句，它只包含一个条件判断。当判断的条件值为true时，就执行其中的语句组；当条件值为false时，就不执行其中的语句组。其一般形式和流程图如图10-8所示。

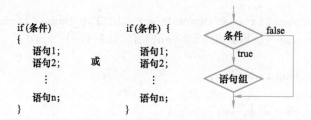

图10-8　单分支if语句的形式和流程图

判断的条件放在if后面的圆括号中，它的计算结果通常为true或false。语句组放在花括号中。如果语句组只有一条语句则花括号可以省略。开头的花括号可以放在"if(条件)"的后面，也可以另起一行放置。

2）双分支：是在单分支的结构上增加了else子句，判断条件同样只有一个。当条件值为true时，就执行语句组1；当条件值为false时，就执行语句组2。其一般形式和流程图如图10-9所示。

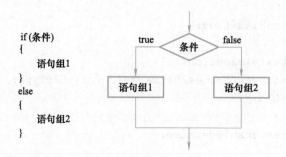

图10-9　双分支if语句的形式和流程图

3）多分支：是针对多个条件的条件判断语句，除了 if 外，还有 else if 的条件判断，并且 else if 可以有多个。其一般形式和流程图如图 10-10 所示。首先进行 if 后的条件 1 判断，如果该条件值为 true 就执行语句组 1，如果该条件值为 false 就继续 else if 后的条件 2 判断，同样，如果条件 2 的值为 true 就执行语句组 2，如果为 false 就继续判断后续的条件 n，直到有条件值为 true 或语句结束。

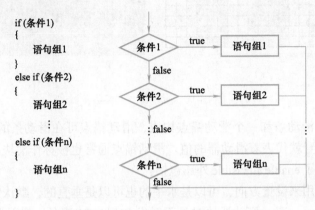

图 10-10　多分支 if 语句的形式和流程图

在多分支结构中同样可以使用 else 子句，当前面的条件都不满足（条件结果为 false）时，就可以执行 else 子句中的语句组。

10.3　拾色器与滑动器

1. 拾色器

拾色器（ColorPicker）也称取色器，是用于拾取颜色的工具，如图 10-11a 所示。它在绘图软件中常见，其功能是可以调整被设置对象的颜色，如在修改笔触或填充颜色时用的就是拾色器。

拾色器在默认时，只显示一个方形按钮，按钮中的颜色也是单一的。当用户单击方形按钮后，就会展开样本面板，其中排列着各

链 10-3　拾色器与滑动器

种可用的颜色块，上方还有一个文本框，能显示当前所选颜色的十六进制值。单击面板中的颜色块，或在上方文本框中输入颜色十六进制值后，就可以将该颜色应用于其他对象了。

如图 10-11b 所示，拾色器的常见属性除了 visible 和 enabled 外，还包括：

1）selectedColor：代表当前选中的颜色。

2）showTextField：代表要不要显示设置颜色十六进制值的文本框。默认时为选中状态，即用户可通过输入值来设置颜色。

2. 滑动器

滑动器（Slider）以滑动的方式来选择值，能减少用户的输入，如图 10-12a 所示。供选择的值可以是连续的，也可以通过设置属性来指定间隔。

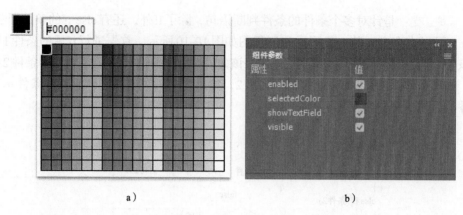

a)　　　　　　　　　　　　　　　　　b)

图10-11　拾色器及其参数

　　滑动器由一个滑动条和一个滑动锚点构成，滑动锚点可在滑动条的预定范围内滑动，滑动锚点所在的位置就代表着滑动器的值。滑动锚点通常也被称作滑块。滑动器的参数如图10-12b所示，除了enable和visible外还包括：

　　1）direction：用来设置方向，可以是水平的也可以是垂直的，默认为水平的。

　　2）liveDragging：表示拖动滑块时是否触发CHANGE事件，默认为当拖动滑块结束并松开鼠标后才触发该事件。

　　3）maximum：设置滑块变化区间的最大值。

　　4）minimum：设置滑块变化区间的最小值。

　　5）snapInterval：用来设定步长。默认为0，表示不设置；若为其他值，则每次变化都为该值的整数倍。

　　6）tickInterval：用以标注刻度。

　　7）value：用来指定滑块的初始位置。

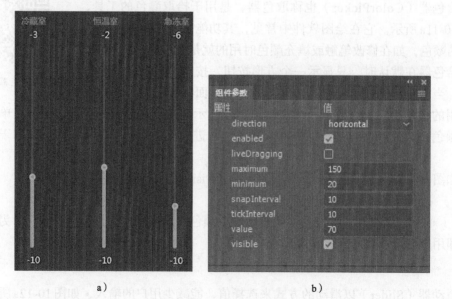

a)　　　　　　　　　　　　　　　　　b)

图10-12　滑动器及其参数

3．类

类是面向对象程序设计中的概念。类是对现实生活中一类具有共同特征事物的抽象和描述，类的内部会封装有属性和方法。如图10-13所示，"人"是一个"类"，具有姓名、性别、年龄、籍贯等属性，会有说话、走路、吃饭、睡觉等行为（方法）。

当具体说到某一个人，如"张三"，她就是"人"这个"类"的一个实例。常用的"影片剪辑"其实也是一个"类"，它具有位置、大小、颜色等属性，具有添加侦听器（addEventListener）等方法。前面介绍过，当从"库"面板中将一个影片剪辑元件拖入舞台时，就会在舞台中产生该元件的实例，可以给这个实例命名，设置位置、大小、颜色等属性，还可以为其添加事件侦听器等行为方法。

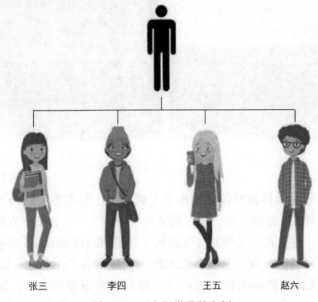

图10-13　"人"类及其实例

一个类可以被继承或扩展，继承之后的类称为子类，被继承的类称为父类。子类可以延用父类的属性和方法，同时还可以拥有自己的一些特征。如在图10-14中，"儿童"是继承自"People"这个"类"，除具有"People"这个类的一般属性外，还可以有"所在幼儿园"这样的属性；"货车"是继承自"Car"这个"类"，除了具有"Car"这个类的一般属性外，还可以有"货斗"这样的属性。很显然，这里的"儿童"和"货车"是子类，"People"和"Car"是它们的父类。

图10-14　类的继承

如果仔细观察"库"面板中的组件会发现，其后方会显示有具体的链接，如图10-15a所示，"Button"的链接中显示的是"fl.controls.Button"，"CheckBox"的链接中显示的是"fl.controls.CheckBox"等。在"库"面板的组件"Button"上右击，在弹出的快捷菜单中单击"属性"命令，就可以打开"元件属性"面板（如图10-15b所示）。可以看到，在"类"文本框中，显示的就是"fl.controls.Button"，这说明组件"Button"与类"fl.controls.Button"直接关联。

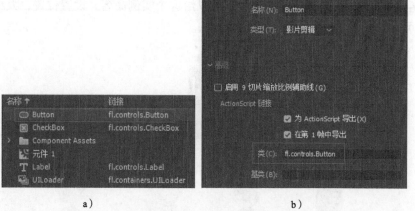

a）   b）

图10-15　Button及其关联的类

也可以为影片剪辑元件或按钮元件指定关联的类。如在图10-16a中，以"库"面板中的影片剪辑"元件1"为例，在"库"面板的"元件1"上右击，在弹出的快捷菜单中单击"属性"命令，打开其"元件属性"面板（如图10-16b所示）；选中"为ActionScript导出"复选框，可以看到，在"基类"文本框中，显示有"flash.display.MovieClip"，而"类"文本框中默认是元件的名称，现在可以将其改为想要的名字，如"myClass"（如图10-17a所示），也就是说，现在"元件1"与类"myClass"关联，它的父类是"flash.display.MovieClip"（如图10-17b所示）。

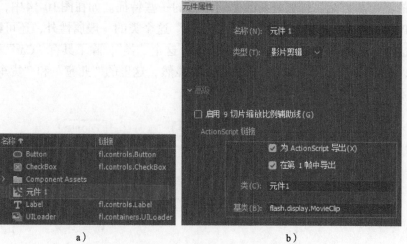

a）   b）

图10-16　影片剪辑元件及其基类

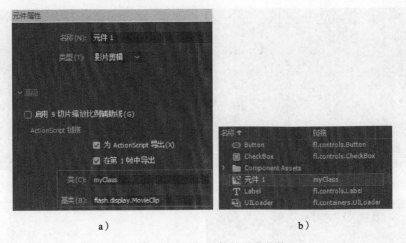

a)　　　　　　　　　　　　　　b)

图 10-17　影片剪辑元件关联类的修改

经过这样关联之后，如果想要创建一个元件1的实例，除了直接将其拖到舞台之外，还可以通过new语句来创建，并利用addChild方法将该实例添加到舞台，代码如下：

```
var movie1:myClass=new myClass();
stage.addChild(movie1);
```

这样，就可以动态地往舞台添加新的实例了。

　　类的实质是一种复杂的数据类型。

4. 实例解析

下面来看关于这两种组件的应用实例"色彩变换"，如图10-18所示。初始时，在界面下方有两个拾色器和一个滑动器，上方的背景色与第一个拾色器所设定的颜色相同；当在背景色区域内单击时会出现一个变化的圆，圆的颜色与第二个拾色器设定的颜色相同，圆的大小与滑块所在的位置的值相同，圆的位置在单击的位置；若再次单击，则在单击处再次出现一个变化的圆，除了位置不同，圆的颜色、大小都没有变化；如果更改第二个拾色器以及滑块位置然后再单击，那么圆的颜色和大小就会与拾色器和滑块变化后的值一致；如果想要改变背景颜色，则可通过第一个拾色器选取。

由此可以看出，在这个实例当中，有两个关键问题：

1）怎么样实现单击就能产生一个圆形？

2）圆的属性怎样与组件之间产生关联？

实例"色彩变换"的主要实现过程如下：

1）准备素材：要准备的素材包括蓝色背景、灰色条、圆形及其动画。蓝色背景与灰色条的宽度与舞台同宽，蓝色背景与灰色条的高度之和刚好与舞台高度相同；圆形动画则是利用圆形创建的逐渐变小、变透明的动画；再将该动画链接到"类"，这里将类的名称取为"myCircle"，后面就可以通过new语句来创建一个该类的新实例，并利用addChild方法将该实例添加到舞台，这样就可以解决前面所提到的第一个关键问题。

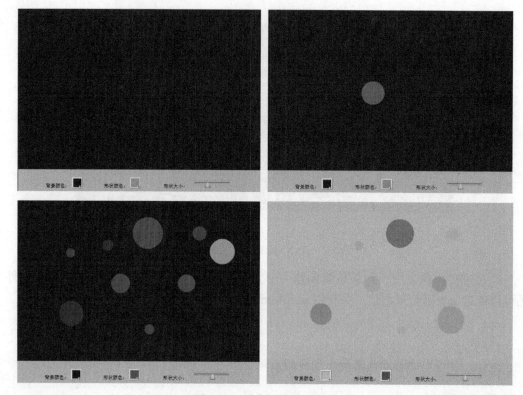

图10-18　实例"色彩变换"

2）在舞台布局素材：先将舞台的背景色改成需要的颜色，这里为深蓝色；最下层放灰色条，它位于舞台的最下方；往上是背景层，它处于舞台的上方，因其需要出现在代码中，所以将其命名为"mc_bg"；再往上是控件层，控件都放置在灰色条区域，包括3个标签、2个拾色器和1个滑动器，并命名好各个实例的名称；最上层则为代码层。

3）设置属性：因标签只起到内容提示的作用，所以只需要分别修改它们的text属性即可。第一个拾色器，将其选中的颜色设为与舞台一样，其后续会在代码中被调用，将其命名为"cp_bgColor"。第二个拾色器，将其选中颜色设为与圆形相同，它同样会被调用，将其命名为"cp_shapeColor"。这里的滑动器则用来调节圆形的初始大小，需要修改的属性包括：①最大值和最小值分别为150和20，即圆形的初始直径最大能调到150像素，最小为20像素；②步长设为10，即每次直径的变化值都为10的整数倍；③标注刻度也为10，即界面中的一小格就代表10像素；④滑块值设为与圆形的直径相同，这里为70像素。

4）初始化设置：首先定义一些变量来保存所需要的数据，包括：①圆形的颜色，初始值与库中圆形颜色相同，为黄色；②圆形的大小，初始值与库中圆形大小相同，直径为70；③还需要一个颜色转换ColorTransform类，后面可以用它来调整显示对象的颜色值。其次是状态初始化，将蓝色背景的透明度值设置为0，具体代码如下：

```
var shapeColor:uint=0xFF9933;
var shapeSize:int=70;
var ct:ColorTransform=new ColorTransform();
mc_bg.alpha=0;   // 用于限定舞台的单击区域
```

5）添加侦听器：首先为蓝色背景添加鼠标单击事件的侦听器，侦听到了之后，就需要向舞台添加新的圆形，这个新的圆形的添加可以通过 new 语句来实现，也就相当于从库中拖动元件到舞台来创建实例，随后设定其位置为单击的位置，大小、颜色都由相应的变量值来决定，最后用 addChild 方法将其添加到舞台中。初步来看，拾色器需要通过单击才可能改变颜色，但实际上，只有当拾色器的颜色改变时才需要变色，所以这里选择侦听拾色器的 CHANGE 事件，当侦听到第一个拾色器的颜色有变化时，就把新的颜色赋值给舞台的 color 属性；当侦听到第二个拾色器的颜色有变化时，就把新的颜色先存储到相应的变量当中，结合前期的代码，当在舞台单击时，这个新的颜色就会被赋值给圆形；同样，滑动器也是侦听 CHANGE 事件，当滑块的值有变化时，也用变量将其先存储起来。具体代码如下：

```
cp_bgColor.addEventListener(ColorPickerEvent.CHANGE,fl_MouseClickHandler);
function fl_MouseClickHandler(e1:ColorPickerEvent):void
{
    stage.color=e1.target.selectedColor;
}
cp_shapeColor.addEventListener(ColorPickerEvent.CHANGE, f2_MouseClickHandler);
function f2_MouseClickHandler(e2:ColorPickerEvent):void
{
    shapeColor=e2.target.selectedColor;
}
sld_shapeSize.addEventListener(SliderEvent.CHANGE,f3_MouseClickHandler);
function f3_MouseClickHandler(e3:SliderEvent):void
{
    shapeSize=e3.target.value;
}
mc_bg.addEventListener(MouseEvent.CLICK,f1_MouseClickHandler_2);
function fl_MouseClickHandler_2(event:MouseEvent):void
{
    var mc_circle:myCircle=new myCircle();
    mc_circle.x=this.mouseX;
    mc_circle.y=this.mouseY;
    mc_circle.width=mc_circle.height=shapeSize;
    ct.color=shapeColor;
    mc_circle.transform.colorTransform=ct;
    stage.addChild(mc_circle);
}
```

6）导入所需的类：在编写代码时，用到了两个事件，一个是拾色器事件，另一个是滑动器事件，如果系统没有自动加载，则可以在一开始将它们先导入，具体代码如下：

```
import fl.events.ColorPickerEvent;
import fl.events.SliderEvent;
```

5. 重难点分析

下面对部分代码做一些分析：

1）在初始时，再次为圆形设置颜色、大小，可能有读者觉得这些值在组件参数中都已经设置过了，为什么还要再设置一遍呢？组件参数的设置主要是为组件的属性做初始化，方便直接观察组件属性的设置结果；而代码里的设置，主要是给变量赋予初始值，这样，如果后面这些变量有变化，就用变化后的值，如果没有变化，就可以直接使用这些初始值。

2）为什么将蓝色背景的透明度值设置为0？这里的蓝色背景只是用来限定可单击区域，即只有在这个区域内单击时，才能产生新的圆形，在此区域外单击，则不会产生新的圆形，它对用户来说是不可见的，所以将其透明度设置为0，并且接下来将鼠标单击事件加给了它，而不是舞台，但新产生的圆形是添加到了舞台。

3）如何实现圆的属性与组件之间产生关联？通过分析以上代码就可以发现，当组件的值发生改变时，用变量先记录改变后的值，当单击舞台指定区域时，先创建一个新的圆，然后再将这些变量的值赋给圆相应的属性，这样，就可以让圆的属性和组件之间产生关联，也就解决了前面提到的第二个关键问题。

4）target的含义是什么？在这里，所有target的前面都有代表事件的名称，如e1、e2、e3等，它们分别是当拾色器或滑动器的值发生改变时触发的，因此它们的组合，如e1.target、e2.target、e3.target等，就代表着事件的目标对象，即e1.target其实就代表能改变背景颜色的拾色器，e2.target代表能改变圆形颜色的拾色器，e3.target则代表能改变圆形大小的滑动器。虽然可以直接用拾色器或滑动器的实例名称来代替e1.target、e2.target、e3.target，但是后者更加通用，能方便函数的复用。

10.4　列表框与文本框

1. 列表框

列表框（List）能为用户提供一组可选的选项，用户只需单击某个选项即可，不需要输入，非常方便，如图10-19a所示。也有支持同时选择多个选项的功能，在使用时用户只要配合<Ctrl>或<Shift>等键即可。当提供的选项比较多时，还可以添加滚动条。

链10-4　列表框与文本框

如图10-19b所示，列表框组件参数常用的包括：

1）allowMultipleSelection：表示是否允许多选，默认为否。

2）dataProvider：为列表框提供选项并可以指定相应的值。后面会详细介绍。

3）verticalLineScrollSize：用于设置当单击列表框中的垂直滚动箭头时，要在垂直方向上移动滚动滑块的距离，该值以像素为单位，默认值为4。

4）verticalPageScrollSize：用于设置当单击列表框的滚动条轨道时，要在垂直方向上移动滚动滑块的距离，单位也为像素，默认值为0。

5）verticalScrollPolicy：表示是否开启垂直滚动条，有开启、不开启或自动3种状态，默认为自动。

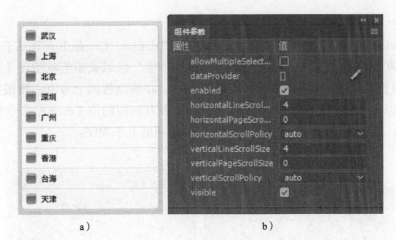

图 10-19　列表框及其参数

知识拓展

　　列表框中的选项除了可以通过 dataProvider 参数设置外，还可以使用 List.addItem 或 List.addItemAt 方法将需要的选项添加到列表。各选项的索引从 0 开始，索引为 0 的项就代表显示在顶端。selectedIndex 属性能够返回被选中项的索引值。

　　2．文本框

　　文本框（TextInput）则可以用来接收用户的输入，或者用来显示需要输出的文本内容。例如，常见的账号、登录密码等就是用于接收用户的输入，再如图 10-20a 所示，利用文本框来输入期限和偏差。

　　如图 10-20b 所示，在文本框的众多属性当中常用的有：

　　1）displayAsPassword：表示是否让文本框变为密码框，默认为否。

　　2）editable：表示是否允许用户编辑文本框中的内容，默认为可以编辑。

　　3）maxChars：用来限制用户能输入的最大字符数，默认值为 0，表示不限制。

　　4）restrict：用以限制能输入文本框的内容，如只能输入数字就可以写成"0-9"，只能输入字母就可以写成"a-z"或"A-Z"，等等。

　　5）text：代表着文本框中显示的内容。

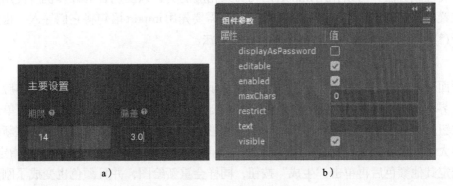

图 10-20　文本框及其参数

3. dataProvider属性

dataProvider属性通常出现在List、DataGrid、TileList、ComboBox等基于列表框的组件中，为这些组件提供选项。单击该属性右侧的"值"区域或铅笔状按钮（如图10-21a所示），可以打开"值"面板（如图10-21b所示）。在该面板的上方有一排按钮，其中的"+"按钮可以为组件添加各选项的标签（labele）及其对应的值（data）；"–"按钮可以删除选中的项；最后两个箭头按钮可以用来调节各选项的上下顺序。

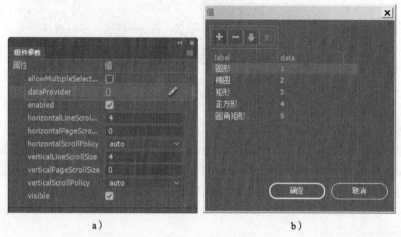

图10-21　dataProvider属性及其设置

在"值"面板中，"label"中的内容是用来显示、提供给用户看的，而"data"中的内容是提供给开发人员用的。因此，当运行之后，在列表框中显示内容是圆形、椭圆、矩形、正方形和圆角矩形，而不会显示出对应的数值；如果用户选择了"圆形"就代表着其值为"1"，如果选的是"椭圆"就代表其值为2，依此类推，开发人员就可以根据这些"值"来判断用户选择了哪个选项。

4. import语句

在ActionScript脚本语言中，常见的类都已事先编写好，并且按照类别存放在指定的位置，如常见的事件类都会存放在fl的events包中，位图、影片剪辑等则会存放于flash的display包中。在类中还会定义该类对象的属性、行为或方法。如果想要使用某个类或是其子类、属性或方法，可以先用import语句导入相应的类，以明确告诉计算机所使用的类所在的位置。如前面在使用一些事件的类时，就需要先用import语句将它们导入。也可以用通配符(*)来导入整个包，但一般不推荐使用此法。

5. 实例解析

下面通过实例"绘制形状"（如图10-22所示）来熟悉列表框和文本框的具体应用。初始时，界面右侧显示有形状选项、颜色选项，还有文本框和"生成"按钮；当单击"生成"按钮后会在左侧空白区域出现一个黑色圆形，再次单击"生成"按钮，会重新生成圆形，但大小变得不同了；从上方选择其他形状再单击"生成"按钮就会生成该指定形状；如果选定其他颜色后再单击"生成"按钮，同样会重新绘图，并且颜色也变成了刚选定的颜色；若需要改变线条的粗细，可通过在文本框中输入值来指定。

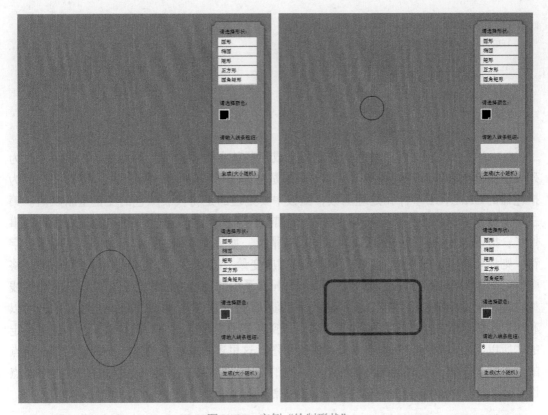

图10-22 实例"绘制形状"

在这个实例当中，关键是要解决两个问题：

1）形状怎么绘制？Animate提供有多种形状绘制方法，可以将它们导入并设置参数，就能用来画图了。

2）如何将组件的值与形状的属性关联起来？这个可以采用与第10.3节中介绍的实例"色彩变换"相同的思路来解决。

实例"绘制形状"的主要实现过程如下：

1）准备和布局素材：这里需要准备的素材为一个装饰框，可通过基本矩形工具绘图获得。接下来就是在舞台布局素材，最下层放的是两个装饰框，其中外围的框添加有阴影；中间一层放的是组件，除了三个用于提示信息的标签，还包括列表框、拾色器、文本框和按钮，并命名好除标签外的各个组件实例；列表框的选项数据在dataProvider中设置，其标签依次为圆形、椭圆、矩形、正方形和圆角矩形，对应的值依次为1、2、3、4、5，其他参数保持不变；拾色器和文本框的参数也都采用默认值；按钮的标签需要修改，其他参数也保持不变；最上层为代码层。

2）初始化设置：首先需要初始化，包括形状、颜色和线条粗细三个值，这样，当用户没有设置这些参数，而是直接单击"生成"按钮时，就可以采用这些默认值进行绘图；其次是要创建一个影片剪辑元件，为后面的绘图做好准备；最后是要侦听各组件的事件，包括CLICK和CHANGE，所以在一开始需要将相关的类先导入，包括列表框事件和拾色器事件。具体代码如下：

```
import fl.events.ListEvent;
import fl.events.ColorPickerEvent;

var shapeNo:int=1;
var shapeColor:uint=0;
var lineSize:int=1;
var mc:MovieClip=new MovieClip();
```

3）添加侦听器：这里可利用按钮先生成一些基本内容，然后再复制。将第一个改为列表框的单击事件及其处理函数，要处理的是将代表形状的变量重新赋值。将第二个改为拾色器的CHANGE事件和处理函数，函数中要处理的是将代表颜色的变量重新赋值。第三个是按钮单击事件，修改其处理函数：①前面已经侦听过表示形状和颜色的各组件的事件了，接下来还要判断一下线条粗细的输入情况，如果文本框的内容不为空，即不是空字符，则需要将其值转换为int类型并赋值给相应变量；②画图，可以借助MovieClip类，将画好后的图形添加到舞台，然后利用其graphics子类的一些方法来绘图，先进行图形的线型设置，包括粗细、颜色等，图形的大小是随机的，也就是图形的宽和高是随机的，所以利用随机数函数先生成形状的宽度和高度，到底要画的是哪一种形状是由列表框的值决定的，所以需要根据列表框的值来分别进行绘图，这里还需要注意的是，不同形状其注册点的位置是不同的，有的是在形状的中心，有的是在形状的左上角。这里都将形状的中心点设在x=200，y=200的位置；③用addChild方法将该形状添加到舞台。具体代码如下：

```
lst_shape.addEventListener(ListEvent.ITEM_CLICK,fl_MouseClickHandler);
function fl_MouseClickHandler(event1:ListEvent):void
{
    shapeNo=event1.item.data;
}
cp_shapeColor.addEventListener(ColorPickerEvent.CHANGE,f_MouseClickHan-
dler_2);
function f_MouseClickHandler_2(event2:ColorPickerEvent):void
{
    ShapeColor=event2.target.selectedColor;
{
btn_generate.addEventListener(MouseEvent.CLICK,fl_MouseClickHandler_3);
function fl_MouseClickHandler_3(event3:MouseEvent):void
{
    if(txt_lineSize.text!=" ")
    {
        lineSize=int(txt_lineSize.text);
    }
    mc.graphics.clear();
    mc.graphics.lineStyle(lineSize,shapeColor);
    var w:Number=Math.random()*300;
    var h:Number=Math.random()*280;
    switch(shapeNo){
        case 1:
```

```
        mc.graphics.drawCircle(200,200,Math.random()*150);
        break;
    case 2:
        mc.graphics.drawEllipse(200-w/2,200-h/2,W,h);
        break;
    case 3:
        mc.graphics.drawRect(200-w/2,200-h/2,w,h);
        break;
    case 4:
        mc.graphics.drawRect(200-w/2,200-w/2,w,w);
        break;
    case 5:
        var corner:Number=Math.random()*50;
        mc.graphics.drawRoundRect(200-w/2,200-h/2,Ws h,corner,corner);
        break;
    }
    stage.addChild(mc);
}
```

4）**代码修正**：播放测试后会发现，形状能正常绘制，但重新绘制时前一次的形状还在，所以还需要在每次绘图之前，增加一个清除图像的功能，利用graphics中的clear方法就可以实现这个功能。

6. switch语句

switch语句是典型的多分支选择语句，其作用与if语句类似，是在有多种可能的情况下，选择一种情况来执行。如果多个执行路径依赖于同一个条件表达式，则非常适合采用switch语句。其一般形式和流程图如图10-23所示。

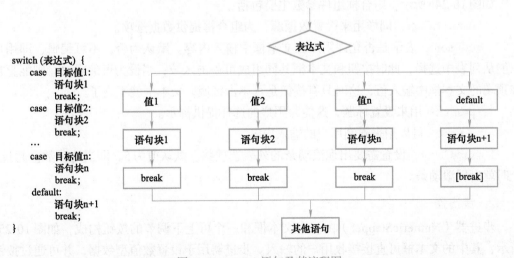

图10-23　switch语句及其流程图

程序执行时，首先计算表达式的值，随后将其与case后面的目标值比较，若相等就执行对应部分的语句块；语句块以case语句开头，以break语句结尾；执行完后利用break语句跳出switch分支语句。若表达式的值与所有的case后的目标值均不匹配，则执行default对应的语句块n+1，执行后跳出switch分支语句。

default语句不是必需的，但一般建议保留以便作为默认情况的处理项。switch语句仅做相等性检测，不能像if语句那样做关系表达式或逻辑表达式计算并进行逻辑真假判断。

知识拓展

在switch语句中，各case语句的目标值各不相同，它们起到一个标号作用，用于引导程序找到对应的入口。

各个case语句并不是程序执行的终点，通常需要执行break语句来跳出switch分支语句；若某case语句的语句块被执行后，其后没有break语句，则顺序执行其他case语句，直到遇到break语句或后面所有case语句全部执行完，再跳出switch分支语句。

多个case可以共用一组执行语句块。

10.5 组合框与步进器

1. 组合框

组合框（ComboBox）由文本框、按钮和下拉列表框组合而成，如图10-24a所示。其功能与列表框相似，也能为用户提供列表选项，但组合框只能选择一个选项，不可多选。当单击选择一个选项之后，选项会被复制到顶端的文本框中；如果其下拉列表超出界面底部时，列表会自动向上展开。

链10-5 组合框与步进器

如图10-24b所示，组合框组件参数主要包括：

1）dataProvider：同样用来设置数据源，为组合框提供数据选项。

2）editable：表示是否允许用户在文本框中输入内容。默认为否，不可编辑，即用户只能从列表中选择，此时按钮和文本框共同组成可单击区域；当设为可编辑时，则能直接在顶端的文本框中输入值，这时只有按钮是可单击区域，文本框就不是了。

3）prompt：用来设置标题，这能为用户的选择提供提示。

4）restrict：可以用来限制用户的输入内容。

5）rowCount：设置需要出现滚动条的列表选项数。默认值为5，即当选项数量超过5个时就出现滚动条。

2. 步进器

步进器（NumericStepper）由一个文本框和一个可上下调节的按钮构成，如图10-25a所示，其中的文本框可直接接收用户的输入。步进器用于设置数值型数据，并可通过按钮有序调节，如字体大小、日期时间、物品购买数量等。

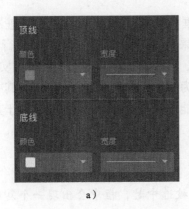 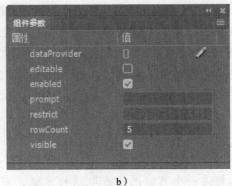

a)　　　　　　　　　　　　b)

图10-24　组合框及其参数

如图10-25b所示，步进器的参数也基本与数值有关，主要包括：

1）maximum：用来设置可调节范围的最大值。

2）minimum：用来设置可调节范围的最小值。

3）stepSize：用来控制调节按钮的步长，即每次单击该按钮时变化值的多少。

4）value：用来设置步进器的初始值。

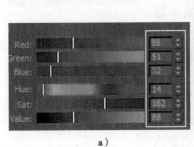 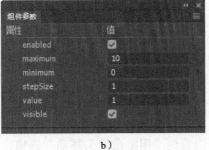

a)　　　　　　　　　　　　b)

图10-25　步进器及其参数

3．元件与组件的嵌套

在前面章节中，已学习过元件的嵌套、动画的嵌套，其实在元件中也可以嵌套组件。例如，要创建一个设置面板（如图10-26所示），其中包含标签、复选框、组合框和步进器。当这个设置面板被隐藏时，其中的组件也要一起被隐藏；当设置面板显示时，这些组件也要一起显示。这样的要求就可以通过嵌套的方式来实现。

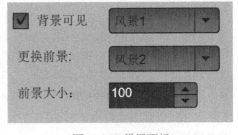

图10-26　设置面板

其具体创建方法可以分为以下两步：

1）创建元件：创建一个影片剪辑元件"设置面板"。

2）布局素材：在时间轴绘制一个大小合适的矩形作为底层；上方的图层用来存放各个组件，除标签外还包括复选框、代表背景的组合框、代表前景的组合框，以及可用来调节数字大小的步进器；并将复选框的实例名称命名为"ck_bgVisible"，代表背景的组合框命名为"cb_bgImage",代表前景的组合框命名为"cb_pgImage",步进器命名为"numStp_pgSize";各组件的颜色可通过"色彩效果"属性中的"色调"样式进行调节。

采用嵌套方式之后,在访问元件中的组件时,要注意前面需要加上元件的实例名称,并用点号进行连接。例如,假设元件的实例名称为"settingBoard",要想访问其中的复选框,就要写成"settingBoard.ck_bgVisible",而不能仅仅写"ck_bgVisible",对于其属性的访问也是如此。

> **知识拓展**
>
> 复选框是一个可以选中或取消的方框,当被选中时,框中会出现一个复选标记"√"。因其有选中和未选中两种状态,所以也常用于表现具有两种状态的数据,如"男"或"女"等,或用于收集一组不相互排斥的选项,如各种喜好等。
>
> 在复选框的常用参数中,label能为用户提供说明;labelPlacement可以指定标签的位置,默认为在其右侧;selected表示是否选中,默认为选中,即默认值为true。

4. 用键盘移动对象

在Animate中,自带用键盘移动对象的代码片段,在需要时可直接使用,如图10-27所示。假如有个影片剪辑元件,其在舞台中的实例名称为"mc_circle",现在要想为其添加用键盘移动它的功能,就可以进行如下操作:

在舞台中选中实例"mc_circle";打开"代码片段"面板,依次展开"ActionScript"→"动画"文件夹,就可以看到"用键盘箭头移动"选项;双击该项,就可以将代码添加给实例"mc_circle"。

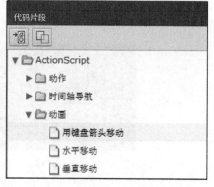

图10-27 "用键盘箭头移动"选项

该代码一共由3个部分构成:

1)变量初始化部分。初始时代表按键是否被按下的变量值都设为false,即表示4个方向键都没有被按下。

```
var upPressed:Boolean = false;
var downPressed:Boolean = false;
var leftPressed:Boolean = false;
var rightPressed:Boolean = false;
```

2)添加事件侦听器。一共有3个事件侦听器,分别是实例的帧频事件,以及舞台的键盘被按下和弹起事件。

```
mc_circle.addEventListener(Event.ENTER_FRAME, fl_MoveInDirectionOfKey);
stage.addEventListener(KeyboardEvent.KEY_DOWN, fl_SetKeyPressed);
stage.addEventListener(KeyboardEvent.KEY_UP, fl_UngetKeyPressed);
```

3)定义每个事件的具体处理函数。首先来看键盘被按下事件的处理函数,它通过

switch语句来判断键盘的按键，若为方向键中的一个，就将与该键对应变量设为true。

```
function fl_SetKeyPressed (event:KeyboardEvent):void
{
    switch (event.keyCode)
    {
        case Keyboard.UP:
        {
            upPressed = true;
            break;
        }
        case Keyboard.DOWN:
        {
            downPressed = true;
            break;
        }
        case Keyboard.LEFT:
        {
            leftPressed = true;
            break;
        }
        case Keyboard.RIGHT:
        {
            rightPressed = true;
            break;
        }
    }
}
```

其次是实例的帧频事件处理函数，它会以每隔播放一帧所需时间的频率来检测与方向键对应的变量值是否仍为true，如果是，就将圆形的位置向方向键的方向移动5个像素。

```
function fl_MoveInDirectionOfKey (event:Event)
{
    if (upPressed)
    {
        mc_circle.y -= 5;
    }
    if (downPressed)
    {
        mc_circle.y += 5;
    }
    if (leftPressed)
    {
        mc_circle.x -= 5;
    }
```

```
        if (rightPressed)
        {
            mc_circle.x += 5;
        }
    }
```

最后是键盘弹起事件的处理函数，同样通过switch语句来判断键盘的弹起键，若为方向键中的一个，就将与该键对应变量设为false。

```
function fl_UnsetKeyPressed (event:KeyboardEvent):void
{
    switch (event.keyCode)
    {
        case Keyboard.UP:
        {
            upPressed = false;
            break;
        }
        case Keyboard.DOWN:
        {
            downPressed = false;
            break;
        }
        case Keyboard.LEFT:
        {
            leftPressed = false;
            break;
        }
        case Keyboard.RICHT:
        {
            rightPressed = false;
            break;
        }
    }
}
```

5. 实例解析

下面来看一个组合框和步进器这两种组件的应用实例"多景色设置"（如图10-28所示）。初始时，画面静止，其中有个内容不同于背景的小圆；当按动键盘中的方向键时，该小圆会随方向键移动，同时，小圆中的画面会随着小圆位置的不同而不同；如果单击右下角的"设置"按钮，就会出现设置面板，通过其中的复选框能设置是否显示背景内容，当选中时就表示开启，并且会激活后面的组合框；从该组合框中选择不同选项就能更改画面的背景，当复选框没有选中时，后面的组合框会变得不可用；第二行的组合框则用来改变小圆中的画面内容；最后一行是一个步进器，它用于改变小圆的大小；再次单击"设置"按钮，可以关闭设置面板。

图10-28　实例"多景色设置"

在这个实例中，要解决的关键问题有两个：

1）如何用键盘的方向键来控制小圆的位置？

2）如何创建设置面板，并如何进行控制？

实例"多景色设置"的主要实现过程如下：

1）创建并设置文档：创建 ActionScript 文档并保存，在"属性"面板中单击"高级设置"按钮，再在"文档设置"面板中，取消选中"使用高级图层"复选框。

2）准备素材：这里的素材可以分成3类：第一类是通过外部导入创建的，如风景图片以及由这些图片创建的影片剪辑元件。第二类是直接绘图创建的元件，包括影片剪辑元件"圆形"，它主要用来形成遮罩，所以颜色任意，大小为100像素；还有就是按钮元件"设置按钮"，它的形状可以由一些基本图形经组合和处理后获得，"弹起"帧和"指针经过"帧的颜色设为不同，"点击"帧的形状需要重新定义，以方便用户操作。第三类略微复杂一些，是通过嵌套所得的元件，也就是"设置面板"，可以采用前面介绍的元件与组件的嵌套方法来创建；其中，复选框的参数主要是将 label 设为"背景可见"，其余默认；对于代表背景的组合框，主要是 dataProvider 参数，添加3个选项，各选项的 label 为图片名称，同时注意设置相应 data 值与图片名称中的编号一致；对于代表前景的组合框，修改的也是 dataProvider 参数，label 和 data 的取值规则与前面相同；设置步进器的最大值为200，最小值为50，步长为50，初始值为100，其余默认。

3）布局素材：将各图片对应的影片剪辑分散于时间轴下方的各图层；将圆形放到上一层，并将其图层设为"遮罩层"；拖动其下的3个风景图层使其成为"被遮罩层"；再将设置按钮、设置面板放到舞台右下角，把"设置面板"的透明度属性值调低一些，并在

"显示"项中取消选中"可见"复选框；最上层为代码层。需要注意的是，舞台中的每个元件实例都要命名，以便后续能够调用。

4）添加键盘移动动画：选中舞台中的圆，利用前面介绍的方法为其添加"用键盘箭头移动"的代码片段。这样，就解决了前面提到的第一个关键问题。

5）设置按钮的动作编码：设置按钮的作用是打开或者关闭设置面板，这个打开与关闭可以表现为显示与隐藏，并且是单击一次为显示，再单击一次就隐藏，所以可通过设置面板的visible属性来实现，并且每次将前一次的值取反即可；选中设置按钮为其添加鼠标单击事件，将处理函数中的语句换成对visible属性的修改（下面代码中的叹号"！"就表示取反的意思）。

```
btn_set.addEventListener(MouseEvent.CLICK,fl_MouseClickHandler);
function fl_MouseClickHandler(event:MouseEvent):void
{
    settingBoard.visible=!settingBoard.visible;
}
```

6）设置面板中各组件的动作编码：①"复选框"，它的功能有两个，一是决定要不要显示舞台背景内容，二是控制后面的组合框是不是可用，即当其选中时组合框才是激活的，否则是不可用的，所以可以用复选框的"是否选中"属性来控制组合框的"是否可用"属性。在决定舞台背景时，先默认为不需要背景，即将所有背景图片的可见性都设为false，然后判断复选框是否被选中，如果被选中，就恢复组合框当前选中图片的可见性。②代表背景的"组合框"的CHANGE事件，它的实现原理与前面一样，同样是先隐藏所有背景图，然后将组合框中当前被选中背景图的可见性设为true。③代表前景的"组合框"的CHANGE事件，同样的原理，所以可以先复制代码，再做相应的修改，包括侦听对象、事件处理函数、图片元件和组合框。④调节小圆大小的"步进器"的CHANGE事件，其功能是要修改小圆的大小，即小圆的宽度和高度的值由步进器的当前值决定，同样可以先复制代码，然后修改相应内容，包括侦听对象、事件处理函数以及要处理的语句。

```
settingBoard.ck_bgVisible.addEventListener(MouseEvent.CLICK,fl_
MouseClickHandler_3);
function fl_MouseClickHandler_3(event:MouseEvent):void
{
    settingBoard.cb_bgImage.enabled=settingBoard.ck_bgVisible.selected;
    scenery1.visible=scenery3.visible=scenery5.visible=false;
    if(settingBoard.ck_bgVisible.selected)
    {
        this["scenery"+settingBoard.cb_bgImage.value].visible=true;
    }
}
settingBoard.cb_bgImage.addEventListener(Event.CHANGE,changeHandler_1);
```

```
function changeHandler_1(event:Event):void
{
    scenery1. visible=scenery3.visible=scenery5.visible=false;
    this["scenery"+settingBoard.cb_bgImage.value].visible=true;
}
settingBoard.cb_pgImage.addEventListener(Event.CHANGE,changeHandler_2);
function changeHandler_2(event:Event):void
{
    scenery2.visible=scenery4.visible=scenery6.visible=false;
    this["scenery"+settingBoard.cb_pgImage.value].visible=true;
}
settingBoard.numStp_pgSize.addEventListener(Event.CHANGE,changeHandler_3);
function changeHandler_3(event:Event):void
{
    mc_circle.width=mc_circle.height=event.target.value;
}
```

7）编码的优化：如果进行播放测试，可以发现，当打开设置面板并对背景或前景做一些修改之后，再用方向键来控制小圆的移动，发现小圆不能再移动了，反而把前景或背景的属性给改变了，这是由焦点的位置引起的。当对组合框或步进器进行单击之后，焦点就在这些组件上了，所以如果这时再使用键盘方向键，改变的就是这些组件的值，反映到舞台当中就是背景或前景的属性被改变了。因此，需要在关闭设置面板后将焦点交还给小圆。重新播放测试，这时小圆能够移动了，但是又多了个黄色的方框，这个方框是焦点框，代表对象获得了焦点，可以用以下语句将其关闭。

```
mc_circle.focusRect=false;
btn_set.addEventListener(MouseEvent.CLICK,fl_MouseClickHandler);
function fl_MouseClickHandler(event:MouseEvent):void
{
    settingBoard.visible=!settingBoard.visible;
    stage.focus=mc_circle;
}
```

知识拓展

　　在本实例中，用图片创建的元件实例，它们的命名都以"scenery"开头，如scenery1、scenery2等，组合框的value属性会返回一个数字，如1、3、5等，它与前面的字符"scenery"可构成scenery1、scenery3、scenery5等，再与前面的this关键字组合，就可以指代代表背景图的元件实例。在设置各组合框的dataProvider属性时，将data值设为与实例名的序号一致也就是这个原因。

10.6 单选按钮组

1. 单选按钮

单选按钮（RadioButton）由一个指示是否选中的小圆和标签构成，它通常以成组的方式出现，从而形成单选按钮组，以允许用户从一系列选项中选择一项，如图10-29a所示。在任何时刻，单选按钮组最多都只有一个选项被选中。

链10-6 单选按钮组

如图10-29b所示，在单选按钮的组件参数中，主要参数及其含义如下：

1）groupName：用来指定组件所属的组名称，使用相同组名称的单选按钮就构成了单选按钮组。

2）label：用以设置单选按钮的显示文本，即能在界面中看到的选项内容。

3）labelPlacement：用来指定标签文本的位置，默认为标签文本在右侧，小圆在左侧。

4）selected：设置单选按钮的初始状态是否为选中，默认为false，即不选中。

5）value：设置单选按钮选项的对应值，该值不显示于界面，而用于代码中，默认为null。

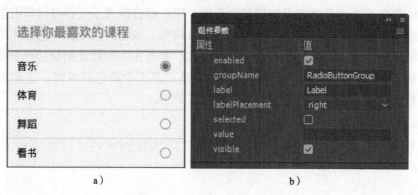

图10-29 单选按钮及其参数

2. 循环结构

和其他程序语言一样，脚本语言ActionScript也有三种基本结构（如图10-30所示），分别为：

1）顺序结构：它是最简单、最基本的程序结构，其按照代码的书写顺序从上往下一行一行地执行每一条语句，如图10-30a所示。

2）选择结构：也称分支结构，它会根据条件表达式的计算结果，有选择性地执行部分语句，如前面介绍的if语句和switch语句都属于这种结构，如图10-30b所示。其中，if语句可用于逻辑值、连续区间和具体值等的条件判断，而switch语句则常用于离散值的条件判断。

3）循环结构：它会在条件表达式值为true的情况下，反复执行循环体，直到条件表达式的值变为false，如图10-30c所示。循环结构包括for循环、while循环、do…while循环等。

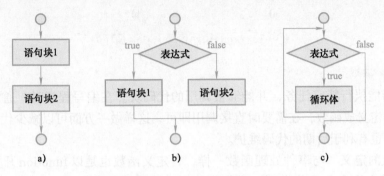

图10-30　程序的三种基本结构

①for循环：for循环也称计次循环，通常用于循环次数已知的情况。for循环的一般形式及流程图如图10-31所示。

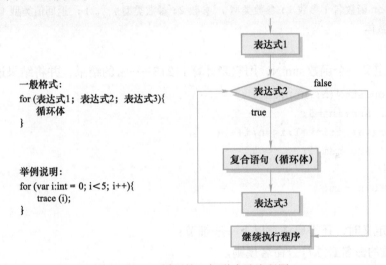

一般格式：
```
for (表达式1；表达式2；表达式3){
    循环体
}
```

举例说明：
```
for (var i:int = 0; i<5; i++){
    trace (i);
}
```

图10-31　for循环的一般形式及流程图

从以上内容可以看出，for循环在开始之后，最先执行表达式1，它通常是循环变量的初始化（如var i:int=0）；随后判断表达式2的值，它通常是一个对循环变量的条件判断（如i<5），如果结果为true就会执行花括号中的循环体，它可以很复杂也可以很简单（如trace(i)）；接着再执行表达式3，它通常是一个更改循环变量值的语句（如i++）；之后又重新判断表达式2的值，看是否仍为true，如果是就继续执行循环体。这样的循环直到遇到表达式2的值为false，就退出for循环，继续执行后续的语句。

②while循环：while循环是最基本的循环语句。while循环的一般形式如图10-32a所示，当循环条件为true时，就执行循环体，直到循环条件变为false时结束循环。

③do…while循环：do…while循环也称后测试循环，它是先执行循环体，然后再进行循环条件的判断，所以循环体至少会被执行一次。do…while循环的一般形式如图10-32b所示。要注意的是，while（循环）条件后面还有个分号。

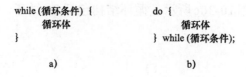

图10-32　while循环和do…while循环

3. 自定义函数

函数是指能执行特定任务，并能够被调用的代码块。在编写程序时，通常会将有特定功能的代码定义成函数，在需要时直接调用即可，这样做一方面可以减少代码的重复编写，另一方面也有利于后期的代码维护。

（1）函数的定义　与事件处理函数一样，自定义函数也是以function开头，然后是函数名，括号中为参数及其类型，它们常被用来接收外部数据，冒号之后是函数的返回值类型，花括号括起来的部分是函数体，它决定着函数的功能。函数的一般定义格式如下：

```
function 函数名（参数1：参数类型，参数2：参数类型，……）：返回值类型 {
    函数体
}
```

例如，定义一个函数sumN，用它来计算1+2+3+…+n的结果，并将结果返回。

```
function sumN(n:int):int{
    var sum:int=0;
    for(var i:int=1;i<=n;i++){
        sum=sum+i;
    }
    return sum;
}
```

在具体定义时，还需要注意以下一些细节：

1）函数的命名必须符合命名规则。

2）圆括号为必需项，圆括号中的参数可以有，也可以没有。

3）返回值类型是可选的，但出现返回值类型时，冒号也必须出现。

4）void表示没有返回值，函数体中也不应该出现return语句；当指定除void以外的返回值类型时，函数体中必须包含return语句，且return语句的返回值类型必须与指定的返回值类型兼容。

5）return语句会结束函数体的继续执行，因此写在return语句之后的语句将不被执行。

6）花括号必须成对出现。

（2）函数的调用　定义好函数之后，就可以通过函数名来调用了。如果函数没有参数，则"函数名()"就可以调用；如果函数带有参数，则需要在括号中写上对应参数的具体值或表达式。其一般调用格式如下所示：

```
函数名（参数1，参数2，……）；
```

例如，上面定义了一个求累加和的函数sumN，现在就用它来计算1+2+3+…+10的和，这就是一种函数调用，可以写为：

```
sumN(10);
```

如果是求 1+2+3+…+50 的和，并要求将其在控制台输出，则可以写成以下形式：

```
trace("1+2+3+…+50 的和为："+sumN(50));
```

4. 读取外部文件

有时会将数据存储在外部文件，如文本文件、XML 文档等，当需要时再将它们从文件中读取并进行处理。下面结合实例读取外部文本文件 "data.txt" 来说明具体操作方法。该文本文件存放在与源文件相同的位置，内容为苏轼的一首词。最终效果如图 10-33 所示。

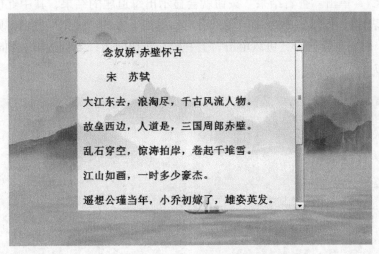

图 10-33　外部文件的显示

读取外部文件通常会借助 URLLoader 类的 load() 方法，而 load() 方法需要一个 URLRequest 实例作为参数，URLRequest 本身又以 URL 作为参数，URL 可以使用相对路径，也可以使用绝对路径。读取外部文件的核心代码如下所示：

```
var request:URLRequest=new URLRequest("data.txt");
var loader:URLLoader=new URLLoader();
loader.load(request);
loader.addEventListener(Event.COMPLETE,completUrlload);
function completUrlload(e:Event):void
{
    var str:String=String(e.target.data);
    poem.text=str;
}
```

在一开始创建了两个实例，一个是 URLRequest 的实例 request，路径采用了相对路径，另一个是 URLLoader 的实例 loader，随后用 load() 方法进行加载，就可以读取指定的文件 "data.txt" 了。

调用 load() 方法之后，从该文件读取的数据会填充 URLLoader 的 data 属性；当完成填充之后，就会触发COMPLETE事件，表示数据已经读取完毕。因此，要为loader添加侦听器，侦听COMPLETE事件，当该事件被触发之后，就将数据存放到字符串变量"str"中，最后将其赋值给文本域（实例名为"poem"）的text属性，即将其显示出来。

5. 实例解析

下面来看一个单选按钮的应用实例"创建试题"，如图10-34所示。实例运行之后，在画面上方有一个标题，中间部分显示有题号、题干及四个选项，下方右侧有两个按钮，其中前一个处于不可用状态；用户可以单击题干下方的任意一个选项，这时该选项会出现一个黑点表示已选中，随后单击"下一题"按钮，就会切换到下一道题目，这时"上一题"按钮会变为可用状态；当到达最后一题时，再单击"下一题"按钮，它的显示内容会转变为"查看结果"，单击"查看结果"按钮就会显示出每道题的结果，其中红色圆表示"错误"、绿色圆表示"正确"，数字则与题号对应；单击下方的"关闭"按钮，则可以关闭结果画面；如果想要重新选择，可以单击"上一题"按钮回退；当到达第一题时，"上一题"按钮再次变为不可用。

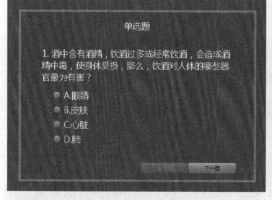
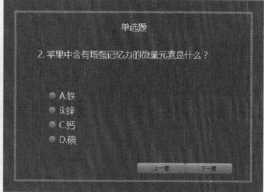
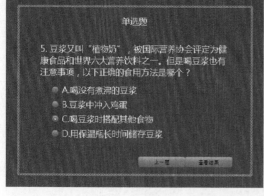
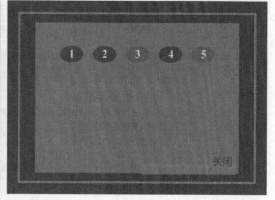

图10-34 实例"创建试题"

在这个实例中，要解决的关键问题有两个：

1）如何通过单击按钮让题目一道道显示出来？

2）如何判断用户的选择是否正确，并最终将其关联到答题情况面板的小圆中？

实例"创建试题"的主要实现过程如下：

1）创建并设置文档：创建 ActionScript 文档并保存，取消高级图层。

2）准备试题集：显示在画面中的试题内容是来源于一个文本文件，文本文件存放在项目文件夹的"sucai"文件夹中。打开文件后，第一行是格式要求与说明，即每道试题的放置顺序为"题干|正确答案|选项 A|选项 B|选项 C|选项 D"，并且每一道题目都以"&"符号开头，最后是换行。

3）准备素材：需要准备的素材主要是元件，一共有 3 个，即表示对错的小圆、关闭按钮和答题情况面板。其中，"关闭"按钮主要由文字创建，其"指针经过"帧和"弹起"帧的文字颜色要不同，而"点击"帧则需要绘制一个刚能覆盖文字的方形；在答题情况面板中，先用矩形绘制一个底层，再将"关闭"按钮放在右下角并命名好实例名，在其上一个图层放置 20 个表示对错的小圆，以及 20 个用文本创建的数字序号，它们都按序排列，每一个小圆和数字序号都有自己的实例名称，并且实例名称末尾的数字与数字序号要保持一致。

4）布局素材：在时间轴的最下层是一个矩形框，并用画笔库中的线条做装饰；其上层是试题的主界面，用于放置组件，包括 2 个标签、4 个单选按钮以及 2 个普通按钮；其中最上方的标签是标题，其 text 值为"单选题"，autoSize 属性设为居中，其余参数默认；第 2 个标签用作题干，其 autoSize 属性为左对齐，并选中"自动换行"复选框，其余参数默认；接下来是 4 个单选按钮，它们要修改的参数有两个，一个是按钮组的名称，4 个按钮要都设为"rbtn_option"，另一个是 value 值，4 个按钮分别设为 A、B、C、D；最后是 2 个按钮，第 1 个按钮的 enabled 属性为 false，2 个按钮的 label 属性分别为"上一题"和"下一题"；除了第 1 个标签，其余组件都需要有实例名称；再上一层放的是影片剪辑元件"答题情况面板"，并为该实例命名为"mc_answer"；最上层为代码层。

5）设置文本格式：组件中文本的格式可以通过 TextFormate 来设置，包括字号、字体、加粗、颜色等，然后通过 setStyle() 方法将这些设置应用于具体实例，这些实例包括标题、题干以及 4 个选项。具体代码如下：

```
var tf:TextFormat=new TextFormat();
tf.size=28;
tf.font=" 微软雅黑 ";
tf.bold=true;
tf.color=0x000033;
lb_title.setStyle("textFormat",tf);
tf.size=18;
tf.font=" 微软雅黑 ";
tf.bold=false;
tf.color=0x000033;
lb_context.setStyle("textFormat",tf);
rbtn_optionA.setStyle("textFormat",tf);
rbtn_optionB.setStyle("textFormat",tf);
```

```
rbtn_optionC.setStyle("textFormat",tf);
rbtn_optionD.setStyle("textFormat",tf);
```

6）初始化设置：包括变量声明、可见性设置、外部数据加载与显示等；变量主要包括当前位置指示、试题答案、用户答案、从文件读取的试题信息以及按钮组，除了当前位置指示和按钮组，其余都为数组结构；随后利用for循环将答题情况面板，以及面板中的20个小圆和20个数字的visible属性逐个设置为false，注意这里的循环变量初始值是从1开始的；接下来，利用URLLoader读取存放在文本文件中的内容，并将其以"&"符号为分割点按行拆分，存放到lineStr数组中，再通过调用自定义函数showData()，将第1条试题信息数据显示到界面。具体代码如下：

```
var currt:int=1;
var answer:Array=new Array();
var uanswer:Array=new Array();
var lineStr:Array=new Array();
var rbGrp:RadioButtonGroup=RadioButtonGroup.getGroup("rbtn_option");
mc_answer.visible=false;

for(var i:int=1;i<=20;i++)
{
    mc_answer["mc_answerCircle"+i].visible=false;
    mc_answer["txt_testNo"+i].visible=false;
}
var urlloader:URLLoader=new URLLoader();
urlloader.load(new URLRequest("sucai/data.txt"));
urlloader.addEventListener(Event.COMPLETE,completUrlload);
function completUrlload(e:Event):void
{
    var str:String=String(e.target.data);
    lineStr=str.split("&");
    showData(lineStr[currt]);
}
function showData(str:String):void
{
    var newstr=str.substr(0,str.length-1);
    var tempAry:Array=newstr.Split("|");
    lb_context.text=currt.toString()+"."+tempAry[0];
    answer[currt]=tempAry[1]
    rbtn_optionA.label=tempAry[2];
    rbtn_optionB.label=tempAry[3];
    rbtn_optionC.label=tempAry[4];
    rbtn_optionD.label=tempAry[5];
}
```

7）设置各组件的动作编码：因为这里的代码基本都是鼠标单击事件，所以先利用代码片段生成部分代码，然后再做修改。首先，设置单选按钮组的鼠标单击事件。它的功能主要是将用户对当前试题的每次选择，保存到代表用户答案数组的相应位置。具体代码如下：

```
rbGrp.addEventListener(MouseEvent.CLICK,fl_MouseClickHandler);
function fl_MouseClickHandler(event:MouseEvent):void
{
    uanswer[currt]=event.targer.selection.value;
}
```

其次，设置"下一题"按钮的鼠标单击事件。它先将上一题按钮变为可用，随后分3种情况判断：①如果当前数据还没有到达最后一个试题，就将位置指示值加1，再将该位置的试题显示到界面；②如果已经到达最后一个试题，就根据按钮自身的标签内容来继续接下来的动作，如果标签内容为"查看结果"，那么就调用显示答案的自定义函数showAnswer()；③如果已经到达最后一个试题，但标签内容是"下一题"，就将自身标签内容修改为"查看结果"。具体代码如下：

```
btn_next.addEventListener(MouseEvent.CLICK,fl_MouseClickHandler_2);
function fl_MouseClickHandler_2(event:MouseEvent):void
{
    btn_prev.enabled=true;
    if (currt<lineStr.length-1)
    {
        currt++;
        showData(lineStr[currt]);
    }else if(event.target.label=="查看结果"){   // 与后面的顺序不能颠倒
        showAnswer();
    }else{
        btn_next.label="查看结果";
    }
}
```

最后，设置"上一题"按钮的鼠标单击事件。它先将"下一题"按钮的标签修改为"下一题"，然后根据位置指示值来判断是否已经到达第一个试题。如果不是，就先将指示值减1，然后再利用showData()将该位置的试题显示到界面；如果是，就将自身的可用性enabled设为false。具体代码如下：

```
btn_prev.addEventListener(MouseEvent.CLICK, fl_MouseClickHandler_3);
function fl_MouseClickHandler_3(event:MouseEvent):void
{
    btn_next.label="下一题";
    if(currt>1)
    {
        currt--;
```

```
            showData(lineStr [currt]);
        }else{
            btn_prev.enabled=false;
        }
    }
```

接下来看一下自定义函数showAnswer()，它先是定义一个颜色转换器ct用于修改实例颜色，并将答题情况面板的visible属性改为true，再利用for循环将相应的小圆和题目序号逐个显示出来，其中还要把用户选择的答案与正确答案做比较，如果两者相同，就将对应小圆实例的颜色设为绿色，如果不相同，就设为红色。具体代码如下：

```
function showAnswer():void
{
    var ct:ColorTransform=new ColorTransform();
    mc_answer.visible=true;
    for(var j:int=1;j<lineStr.length;j++)
    {
        mc_answer["mc_answerCircle"+j].visible=true;
        mc_answer["txt_testNo"+j].visible=true;
        if(answer[j]==uanswer[j])
        {
            ct.color=0x009933;
            mc_answer["mc_answerCircle"+j].transform.colorTransform=ct;
        }else{
            ct.color=0xCC0033;
            mc_answer["mc_answerCircle"+j].transform.colorTransform=ct;
        }
    }
}
```

8）设置面板中"关闭"按钮的动作编码：这里的关闭实际上就是把答题情况面板隐藏，即将其visible属性值设为false。具体代码如下：

```
mc_answer.btn_close.addEventListener(MouseEvent.CLICK,fl_MouseClickHandler_5);
function fl_MouseClickHandler_5(event:MouseEvent):void
{
    mc_answer.visible=false;
}
```

实 践 与 思 考

前面在初始化指示位置的变量currt时，是将其初始化为1，而不是通常的0，这是为什么？

6. 关键问题解析

下面来分析一下，前面提到的本实例实现的两个关键问题是如何解决的。

首先，在初始化时分别定义了三个数组（如图 10-35 所示），分别用于存放试题信息、试题答案和用户答案，同时还定义了一个指示当前位置信息的变量 currt，可以把它想象成一个个指针并能上下移动。在按钮单击事件中有 currt++ 或 currt-- 的语句，它们就是用来移动这个指针的，+ 表示向下，- 表示向上，再结合 showData() 函数就可以解决第一个关键问题，即通过单击按钮让题目一道道显示出来。

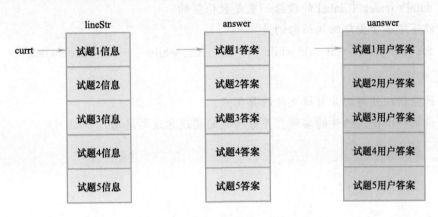

图 10-35　定义的数组及相关变量

同时，因试题正确答案和用户选择答案都已经有记录，所以在 showAnswer() 函数中利用 for 循环，将每道题的用户选择答案和正确答案逐个进行比对，如果相同就将答题面板小圆设为绿色，否则为红色，这样就可以解决第二个关键问题。

本 章 小 结

本章主要介绍了组件的基础知识、分类、添加方法、参数设置、方法和事件，各种常见组件的具体使用，流程结构及相关语句，以及变量、类、函数等程序基础知识。组件是一种具有相对独立功能且可组装的对象，它能方便用户快速创建界面元素，提高工作效率。脚本语言能为交互提供灵活的功能应用，它通过执行事先编写的程序代码，响应用户在交互界面提交的请求并做出相应的处理。

练 习 与 思 考

➥ 单选题

1. 在组件的属性中，enabled 属性的含义是（　　　）。

A. 是否可见　　　　B. 是否可用　　　　C. 是否选中　　　　D. 是否区分大小写

2. 关键词 Array 表示的是（　　　）。

A. 长度   B. 函数   C. 高度   D. 数组

3. 滑动器的value属性表示（　　　）。

A. 最大值   B. 最小值   C. 初始值   D. 滑动高度

4. 下面有关dataProvider的说法正确的是（　　　）。

A. dataProvider能为组件提供选项

B. dataProvider中的label用来向开发人员提供数据

C. dataProvider中的data用来向用户提供选项

D. dataProvider中label的数据一定是数值型的

5. 以下不属于循环结构语句的是（　　　）。

A. for   B. do while   C. while   D. switch

↘ 思考题

1. 请分析组件与影片剪辑元件的异同点。

2. 请举一个使用组件的实例，并分析它的实现方法与思路。

参 考 文 献

[1] CHUN R. Adobe Animate CC 2017 中文版经典教程 [M]. 杨煜泳，译. 北京：人民邮电出版社，2017.

[2] Adobe Animate 学习和支持 [EB/OL]. [2021-02-24]. https://helpx.adobe.com/cn/support/ animate.html.

[3] 贾否. 动画原理 [M]. 合肥：安徽美术出版社，2008.

[4] 贾否. 动画概论 [M]. 3 版. 北京：中国传媒大学出版社，2010.

[5] 王宁. 动画概论 [M]. 2 版. 北京：清华大学出版社，2018.

[6] 孙平. 我国网络动画的特征及技术发展历程 [J]. 青年记者，2017(14)：22-23.

[7] 黑马程序员. Flash CC 动画制作任务教程 [M]. 北京：中国铁道出版社，2017.